五年制高职专用教材
智能制造装备技术专业新形态教材

机械拆装技术项目教程

主　编　郭守超
副主编　陈　静　王　磊
参　编　陈　静（盐城市郭守超大师工作室）
　　　　张艳玲　侯朱伟　崔益银　胥祥亮　丁华中
主　审　陈洪飞

机械工业出版社

本书共分为五个项目，主要内容包括：拆装机用平口钳；拆装二级圆柱齿轮减速器；拆装蜗轮蜗杆提升机；拆装 V 型活动翻板模；拆装电动小车遥控器外壳注射模。每个项目下设两个任务，每个任务均配有演示动画，以二维码的形式嵌入书中，并在拆装过程的讲解中，将理论知识与基本技能相融合，引导学生在实践中获得知识，提升应用能力。

本书可作为职业院校机电设备技术、数控技术等专业的理论与实训教学用书，也可作为企业工程技术人员的培训用书。

为方便教学，本书配有电子课件、视频等教学资源，凡选用本书作为授课教材的教师可登录机械工业出版社教育服务网（www.cmpedu.com），注册后免费下载。

图书在版编目（CIP）数据

机械拆装技术项目教程 / 郭守超主编. --北京：机械工业出版社，2024.7. --（五年制高职专用教材）（智能制造装备技术专业新形态教材）. -- ISBN 978-7-111-76347-5

Ⅰ. TH163

中国国家版本馆 CIP 数据核字第 2024K6A436 号

机械工业出版社（北京市百万庄大街 22 号　邮政编码 100037）
策划编辑：赵文婕　　　　　责任编辑：赵文婕　王　良
责任校对：贾海霞　李小宝　封面设计：王　旭
责任印制：邰　敏
中煤（北京）印务有限公司印刷
2024 年 9 月第 1 版第 1 次印刷
210mm×285mm・8.5 印张・252 千字
标准书号：ISBN 978-7-111-76347-5
定价：35.00 元

电话服务	网络服务
客服电话：010-88361066	机 工 官 网：www.cmpbook.com
010-88379833	机 工 官 博：weibo.com/cmp1952
010-68326294	金 书 网：www.golden-book.com
封底无防伪标均为盗版	机工教育服务网：www.cmpedu.com

前言

本书贯彻落实党的二十大报告和《国家职业教育改革实施方案》等文件精神，是职业院校"三教改革"中的"教材"改革成果，是通过社会调研，对劳动力市场人才需求进行分析，在企业有关人员的积极参与下，参照现行国家职业标准及有关行业职业标准规范，结合学生的认知特点和成长规律编写而成的。

本书具有实践性、职业性、开放性强的特点，编写时坚持课程改革理念，主要体现了以下编写特色。

1. 产教结合，人才培养紧扣产业需求

本书针对机械和模具拆装人才培养设计项目内容，依据行业标准，注重技术技能的规范性和教学培训的可操作性。

2. 任务驱动，内容编排符合能力发展

本书通过项目任务编写模式，将机械拆装技能的培养与实际工作相结合，注重学生的实践能力和创新能力的培养。各项目均按照实际工作流程，系统地介绍了机械拆装所需要的基本理论知识和操作技巧，列举了常用拆装工具和设备的使用方法和注意事项。

3. 内化素养教育，培养工匠精神

本书力求在教学全过程渗透文明诚信、爱岗敬业的理念，以初心致匠心，培养学生团结合作的集体意识，增强勇于探索的创新精神，提高学生解决问题的实践能力。

为推进教育数字化，本书配套了视频资源，以二维码的形式链接在书中，学生可扫码进行辅助学习。

本书由江苏联合职业技术学院盐城机电分院（盐城机电高等职业技术学校）郭守超任主编，盐城机电高等职业技术学校陈静、江苏省惠山中等专业学校王磊任副主编，盐城机电高等职业技术学校（盐城市郭守超大师工作室）陈静，盐城机电高等职业技术学校张艳玲、崔益银，江苏省惠山中等专业学校侯朱伟，江苏省相城中等专业学校胥祥亮，盐城市博克模具有限公司丁华中参与编写。在编写本书的过程中，编者参考了有关的文献资料，在此向原作者致以诚挚的谢意。由于编者水平有限，书中难免有不足和疏漏之处，敬请读者批评指正。

编　者

目 录

前言

项目一　拆装机用平口钳 ·· 1

　　任务一　拆卸机用平口钳 ·· 2
　　任务二　装配机用平口钳 ·· 6

项目二　拆装二级圆柱齿轮减速器 ·· 31

　　任务一　拆卸二级圆柱齿轮减速器 ·· 32
　　任务二　装配二级圆柱齿轮减速器 ·· 39

项目三　拆装蜗轮蜗杆提升机 ·· 65

　　任务一　拆卸蜗轮蜗杆提升机 ·· 66
　　任务二　装配蜗轮蜗杆提升机 ·· 72

项目四　拆装 V 型活动翻板模 ··· 93

　　任务一　拆卸 V 型活动翻板模 ·· 94
　　任务二　装配 V 型活动翻板模 ·· 98

项目五　拆装电动小车遥控器外壳注射模 ·· 111

　　任务一　拆卸电动小车遥控器外壳注射模 ·· 112
　　任务二　装配电动小车遥控器外壳注射模 ·· 117

参考文献 ··· 131

项目一

拆装机用平口钳

【项目简介】

机用平口钳又名机用虎钳（图1-1），是一种通用夹具，常用于安装小型工件。它是铣床、钻床的随机附件。将机用平口钳固定在机床工作台上，用来夹持工件进行切削加工，能保证工件的垂直度、平行度要求。机用平口钳具有结构简单、操作方便、适应性强等特点。通过拆装机用平口钳，可以熟悉机用平口钳中各零部件的名称及用途，了解机械拆装的基本知识。通过使用拆装工具规范拆装机用平口钳，增强对机械零件拆装过程的认知。

图1-1 机用平口钳

【项目分析】

机用平口钳结构简单，其装配结构是可拆卸的螺纹联接和销联接。活动钳身的直线运动是由螺旋运动转变的。机用平口钳的工作表面主要包括螺旋副、导轨副以及间隙配合的轴和孔的摩擦面。机用平口钳夹紧工件的动作是靠螺杆带动滑动螺母来实现的。根据本项目的学习内容安排，首先要对机用平口钳进行规范拆卸，了解机用平口钳的结构和主要零部件，熟悉机用平口钳夹紧工件的工作原理；其次对机用平口钳进行装配和调整，掌握机用平口钳的装配工艺和调整方法。

【项目目标】

1. 知识目标

1) 熟悉机械拆装的基本知识。
2) 掌握机用平口钳的结构和工作原理。
3) 熟悉键、销联接和螺旋传动的相关知识。
4) 掌握机用平口钳的拆装过程、工艺要领、拆装工具的使用方法和拆装注意事项。

2. 能力目标

1) 能正确选用拆装工具。
2) 能规范拆装机用平口钳。
3) 能对装配后的机用平口钳进行质量检测。

3. 素养目标

1) 具备分析和解决问题的能力,能够独立思考和处理机用平口钳拆装过程中出现的各种技术问题。
2) 具备安全意识和责任心,遵守操作规程和相关安全规定,预防和避免危险事故的发生。
3) 具备团队协作意识和沟通能力,能够与团队成员紧密配合,认同工作价值,高效完成工作任务。

任务一　拆卸机用平口钳

 【任务导入】

本任务要求规范使用工具、量具对图 1-2 所示机用平口钳进行拆卸,熟悉机用平口钳的结构,理解机用平口钳的工作原理,拆卸过程中熟悉机用平口钳的各零件名称及用途,掌握拆卸机用平口钳的方法。

 【任务分析】

拆卸机用平口钳是其使用与维护中一个重要的环节,为使拆卸工作能够顺利进行,必须做好拆卸前的一系列准备工作。首先,仔细研究机用平口钳的技术资料,认真分析机用平口钳的结构和传动路线;其次,熟悉机用平口钳各零部件的用途、配合性质和相互位置关系。在熟悉以上内容的基础上,确定拆卸方法,选用合理的工具、量具对机用平口钳进行拆卸。

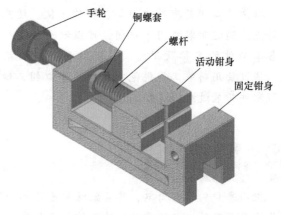

图 1-2　机用平口钳

通过分析机用平口钳结构和观察实物可知,机用平口钳夹紧工件的动作是靠螺杆与铜螺套啮合带动活动钳身来实现的。机用平口钳主要由固定钳身、活动钳身、螺杆、铜螺套、手轮等组成,如图 1-3 所示。

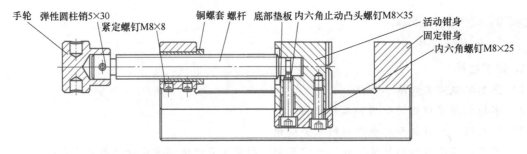

图 1-3　机用平口钳的结构

项目一 拆装机用平口钳

【任务实施】

一、拆卸机用平口钳的工具

1）实训设备：机用平口钳若干台。
2）机用平口钳装配图。
3）拆卸机用平口钳工具清单，见表1-1。

表1-1 拆卸机用平口钳工具清单

名称	图示	规格
锤子		0.5kg
内六角扳手		1.5~10mm
铜棒		φ20mm×150mm
毛刷		50mm
冲头		—

3

拆卸机用平口钳

二、拆卸机用平口钳的步骤

按照表1-2所列拆卸步骤拆卸机用平口钳。

表1-2 拆卸机用平口钳的步骤

序号	拆卸步骤	图示	拆卸要点
1	准备工作		将机用平口钳放在工作台上,准备好所需工具
2	拆卸压板		使用内六角扳手旋松压板螺钉,取下压板
3	拆卸活动钳身		沿导轨方向推动活动钳身,使活动钳身和螺杆脱离,取下活动钳身
4	拆卸螺杆		旋转螺杆,将螺杆拆下
5	拆卸铜螺套		使用内六角扳手旋松紧定螺钉,取下铜螺套(可使用铜棒轻轻敲击,辅助拆卸)

(续)

序号	拆卸步骤	图示	拆卸要点
6	拆手轮		使用锤子和冲头先把弹性销敲下来，再取下手轮
7	清理		使用毛刷将各零件清理干净
8	拆卸完成		清点零件并摆放整齐

操作提示：

1. 按照预定顺序拆卸各零件。
2. 对拆卸下来的小构件、螺钉和螺栓进行编号，按照拆卸顺序依次放入保管盒里，以免丢失。
3. 对一些需要校准且拆开后不易复位的构件，一般不进行拆卸。
4. 依照"恢复原样"的要求对机用平口钳进行拆卸。

【任务评价】

完成任务后填写表1-3所列拆卸机用平口钳任务评价。

表1-3 拆卸机用平口钳任务评价

类型	项目与要求	配分	测评方式			备注
			自评得分	小组评价	教师评价	
过程评价	正确说出机用平口钳各部分名称	15				
	合理选择拆卸工具	10				

（续）

类型	项目与要求	配分	测评方式			备注
			自评得分	小组评价	教师评价	
过程评价	正确使用拆卸工具	15				
	正确标记各零件	15				
	操作熟练且姿势正确	15				
	正确清理各零件	15				
职业素养评价	着装规范	5				
	安全文明生产	5				
	能按照7S管理要求规范操作	5				
	合计	100				
综合评价	综合评价＝自评成绩×30％＋组评成绩×30％＋师评成绩×40％					
心得						

任务二　装配机用平口钳

【任务导入】

通过拆卸机用平口钳，已对其结构有了全面的了解，而掌握机用平口钳的装配和养护方法，将对保证加工精度、延长机用平口钳的寿命起很大的作用。

【任务分析】

在装配机用平口钳时，先要读懂其装配图、工艺文件及技术资料，了解各零部件的作用、相互关系和连接方法；其次确定装配方法，准备所需工具、量具；最后清理零件。需要注意的是，应按照与拆卸相反的顺序装配机用平口钳，并且装配前应先试装，达到要求后再进行装配。

【任务实施】

一、装配机用平口钳的工具、量具

1）实训设备：机用平口钳若干台。
2）机用平口钳装配图。
3）装配机用平口钳工具、量具清单，见表1-4。

二、装配机用平口钳的步骤

按照表1-5所列装配步骤装配机用平口钳。

三、检测机用平口钳的精度

完成装配后对机用平口钳的精度进行检测，并填写表1-6。

表1-4 装配机用平口钳工具、量具清单

名称	图示	规格
扁锉	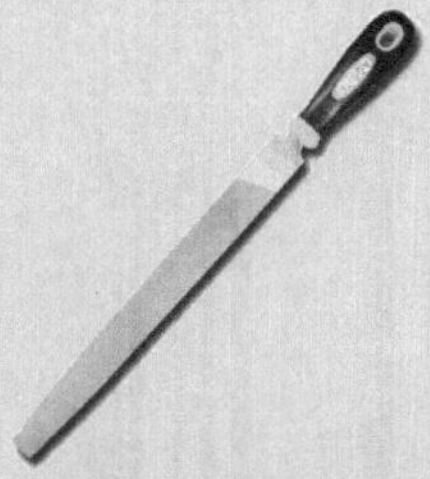	150mm×16mm×3.5mm
机油壶	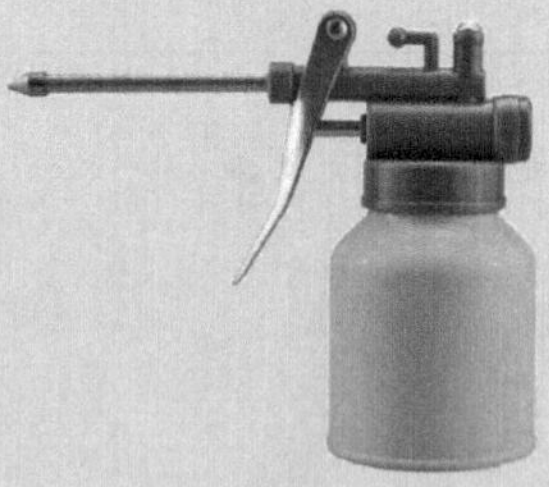	300mL
量块		1.005~50mm
杠杆百分表		0~0.8mm
塞尺		0.05~1mm

表1-5 装配机用平口钳的步骤

序号	装配步骤	装配图示	装配要点
1	准备工作	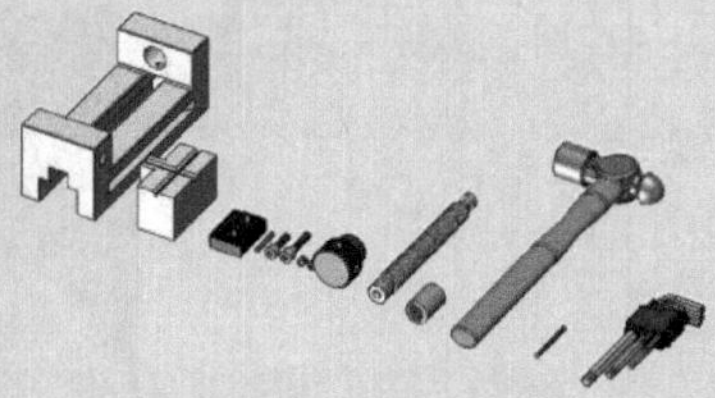	清点零部件,确保齐全、完好,准备好所需工具、量具

（续）

序号	装配步骤	装配图示	装配要点
2	安装铜螺套	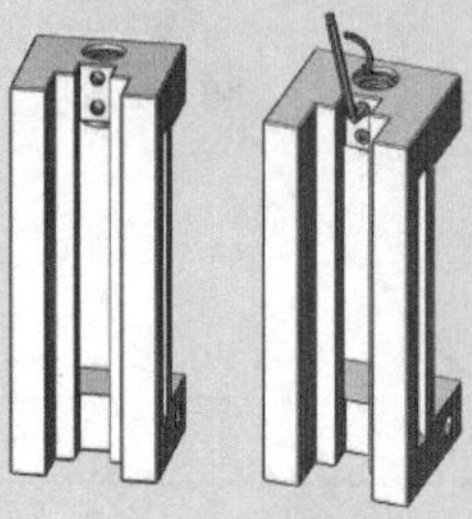	安装铜螺套时,可使用铜棒辅助装配,使用内六角扳手拧紧紧定螺钉
3	去除螺杆毛刺	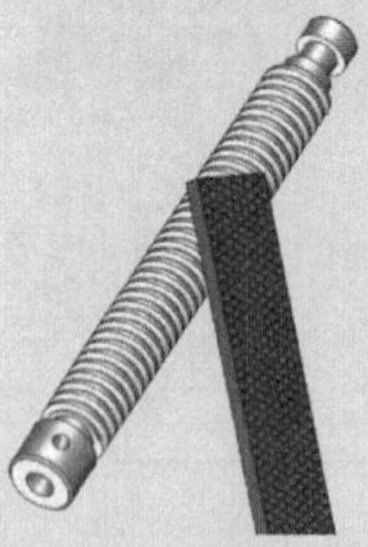	将锉刀放置在螺杆毛刺处,旋转螺杆使锉刀沿着螺杆的螺旋方向去除毛刺
4	螺杆加润滑油		螺杆加润滑油便于装配
5	安装手轮	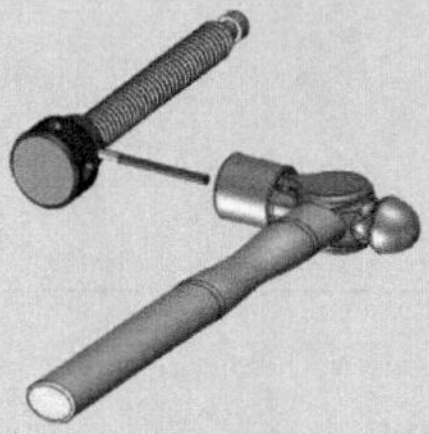	使用锤子和铜棒把弹性销敲进去
6	安装螺杆	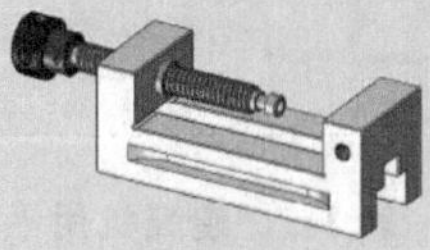	旋转螺杆,装入铜螺套
7	去除活动钳身毛刺	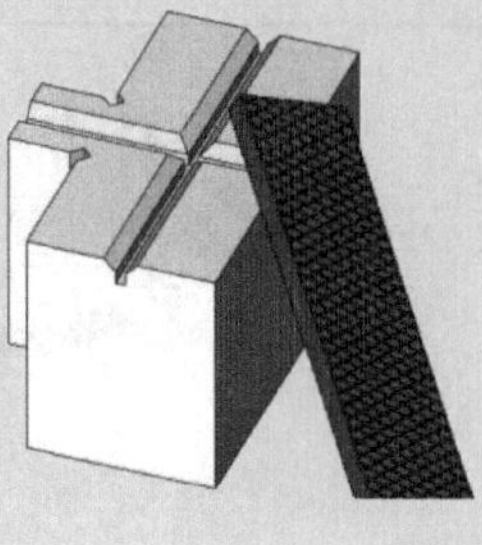	使用锉刀去除活动钳身的毛刺

(续)

序号	装配步骤	装配图示	装配要点
8	安装活动钳身	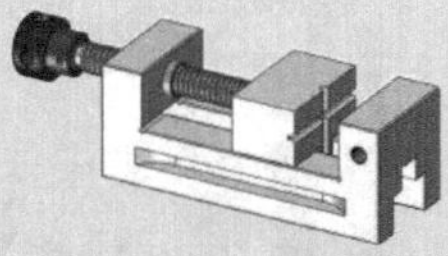	安装活动钳身时注意轻拿轻放
9	安装压板	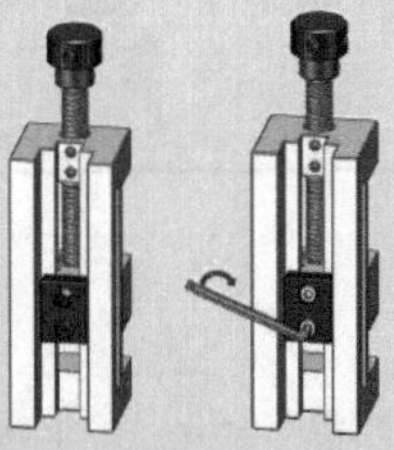	放上压板,使用内六角扳手适当旋紧压板螺钉
10	完成装配	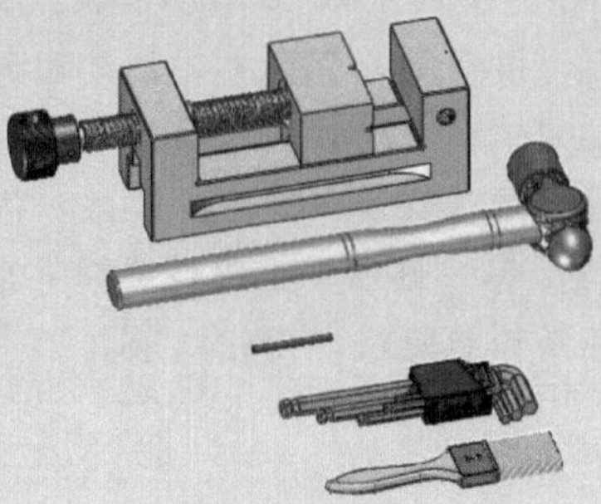	清点工具、量具并归位

表1-6 机用平口钳的精度检测

序号	检测步骤	检测图示	检测要点	实测记录
1	检测活动钳身与固定钳身的间隙	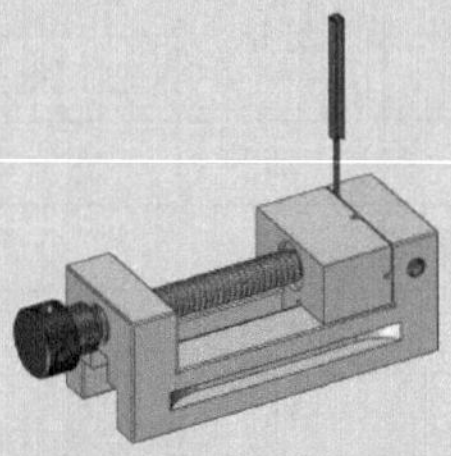	使用塞尺检测活动钳身与固定钳身的间隙≤0.05mm	
2	检测导轨平面度	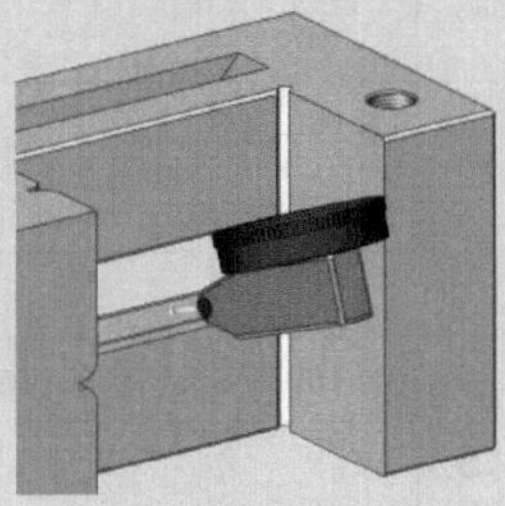	使用杠杆百分表检测导轨平面度,误差≤0.01mm	
3	检测固定钳身平面度		使用杠杆百分表检测导轨平面度,误差≤0.01mm	

(续)

序号	检测步骤	检测图示	检测要点	实测记录
4	检测固定钳身钳口平面度		使用杠杆百分表检测导轨平面度,误差≤0.01mm	

技术要求：

1. 固定钳身上导轨下滑面及底平面、底盘上表面和下表面的平行度误差≤0.01mm，表面粗糙度值 $Ra<6.3\mu m$，导轨两侧面平行度误差<0.01mm，表面粗糙度值 $Ra<1.6\mu m$。
2. 活动钳身上凹面表面粗糙度值 $Ra<1.6\mu m$，活动钳身两侧面表面粗糙度值 $Ra<3.2\mu m$。
3. 两钳口装配后的间隙要求达0.02mm。
4. 零件和组件必须按装配图要求安装在规定的位置，各零件之间应该有正确的相对位置。
5. 固定联接件（螺钉、螺母等）必须保证零件或组件牢固地连接在一起。
6. 活动钳身与滑板装配后滑动要轻快、无松动感。

【任务评价】

完成任务后填写表1-7所列装配机用平口钳任务评价。

表1-7 装配机用平口钳任务评价

类型	项目与要求	配分	测评方式			备注
			自评得分	小组评价	教师评价	
过程评价	合理选择装配工具	15				
	正确使用装配工具	15				
	装配工艺合理	15				
	合理选择检测量具	15				
	正确使用检测量具	15				
	装配精度检测符合技术要求	10				
职业素养评价	着装规范	5				
	安全文明生产	5				
	能按照7S管理要求规范操作	5				
	合计	100				
综合评价	综合评价成绩＝自评成绩×30%＋组评成绩×30%＋师评成绩×40%					
心得						

【知识储备】

一、机械拆卸的基本知识

1. 机械拆卸的顺序及注意事项

机械拆卸的目的是便于检验和维修。不同机械设备的零部件在质量、结构、精度等方面存在差异，若拆卸不当，可能对零部件造成不可修复的损伤。因此在拆卸机械设备时，应按照与装配相反且"从外向内、从上向下"的顺序，先拆成部件或组件，再拆成零件。在拆卸机械设备的过程中有以下注意事项：

1）在拆卸机械设备前，应弄清所拆部分的结构、工作原理、性能、装配关系，做到心中有数，切忌粗心大意、盲目乱拆。对不易拆卸或拆卸后会降低连接质量和损坏连接件的，应尽量不拆卸，如密封连接、过盈连接、铆接及焊接（图1-4）等连接件。

2）拆卸时用力应适当，要特别注意的是，对主要部件进行拆卸时，不能使其发生任何损坏。对于互相配合的连接件，在必须损坏其中一个的情况下，应保留价值较高、制造困难或质量较好的零件。

3）用击卸法冲击零件时，必须在零件上垫好较软的衬垫（图1-5）或用较软材料的锤子（如铜锤）或冲棒，以防损坏零件表面。

图1-4 焊接件

4）对于较长的轴类零件，如较精密的细长轴、丝杠等，拆下后应将其竖直悬挂；对于重型零件，需用多个支承点支承后卧放，以防变形。

5）应尽快对拆下的零件进行清洗和检查。对于无须更换的零件要涂上防锈油；对于一些精密的零件，最好用油纸包好，以防锈蚀或碰伤，如图1-6所示；对于零部件较多的机械设备，最好以部件为单位放置，并做好标记。

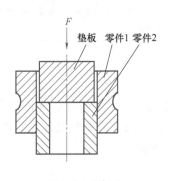

图1-5 击卸法

图1-6 用油纸包裹零件

6）对于拆下来的较小或容易丢失的零件，如紧定螺钉、螺母、垫圈、销等，清洗后尽量原位装好，防止丢失。轴上的零件在拆卸后，最好按原来的顺序临时装到轴上，或用钢丝穿到一起放置，这能给最后的装配工作带来便利。

7）拆卸下来的导管、油杯等油、水、气的通路及各种液压元件，在清洗后均需对进、出口进行密封，以免沾染灰尘、杂质等污物。

8）在拆卸旋转部件时，应注意尽量不破坏其原有的平衡状态。

9）对于容易产生位移而又无定位装置或有方向性的连接件，在拆卸后应做好标记，以便装配时辨认。

2. 机械拆卸的常用方法

机械拆卸的常用方法见表1-8。

表 1-8 机械拆卸的常用方法

序号	常用方法	含义	注意事项
1	击卸法	用锤子或其他重物对需要拆卸的零部件进行冲击，从而把零件拆卸下来的一种方法	1. 要根据拆卸件的尺寸、质量、连接方式及牢固程度，选择合适的锤子，并注意控制用力强度 2. 要对击卸件采取保护措施，通常使用铜棒、胶木棒、木锤及木板等保护被击卸的轴套、套筒及轮缘等 3. 要对击卸件进行试击，目的是查看零件连接的牢固程度，试探零件的走向。如听到坚实的声音，要立即停止击卸并检查是否因走向相反或因紧固件漏拆而引起的。发现零件严重锈蚀时，可适当加些润滑油润滑 4. 要注意安全
2	拉拔法	精度较高，不允许敲击或无法用击卸法拆卸的零部件可使用拉拔法。它是采用拉拔器进行拆卸的方法，多以拆卸轴、套类零件时使用	1. 要仔细检查轴、套类零件上的定位紧固件是否完全拆下 2. 确认轴的拆出方向。一般总是轴的大端、空的大端及花键轴的不通端 3. 防止零件毛刺、污物落入配合孔内卡住零件 4. 不需更换的套类零件尽量不要拆卸，可避免因拆卸不当而使零件变形；拆卸套类零件时不能任意冲打，因为端部被打毛后会破坏配合孔的表面
3	顶压法	利用螺旋C形夹头、机械式压力机、液压压力机或千斤顶等工具和设备进行拆卸	多用于拆卸形状简单的过盈配合件。在机修拆卸中，许多零件都不能在压力机上拆卸，应用相对较少
4	温差法	采用加热包容件或冷冻被包容件，同时借助专用工具进行拆卸的一种方法	多用于拆卸尺寸较大、配合过盈量较大的零部件或精度要求较高的配合件。加热或冷冻必须快速，否则会因配合件一起胀缩而使包容件与被包容件不易分开
5	破坏法	采用车削、锯削、錾削、钻削、气割等手段进行破坏性拆卸的方法	多用于拆卸焊接、铆接、胶接以及难以拆卸的过盈连接等固定连接件，或是因扭曲变形、发生"咬死"以及严重锈蚀而无法拆卸的连接件。由于使用该法拆卸后要损坏一些零件，造成一定的经济损失，因此应尽量避免采用该方法

二、机械装配的基本知识

按照一定的精度标准和技术要求，将若干个零件组合成部件或将若干个零件、部件组合成机构或机器的工艺过程，称为装配。在机器或机构的使用与维护过程中，应根据需要对设备或部件进行拆卸、清洗、修复和装配，因此装配是机械拆装过程中的一项重要操作技能。

1. 装配前的准备工作

在装配过程中，零件的清洗与清理工作对提高装配质量、延长设备使用寿命都具有十分重要的意义。对轴承、液压元件、精密配合件、密封件和有特殊要求的零件，清洗和清理工作显得尤为重要，如果清洗和清理工作做得不好，会使轴承发热、产生噪声，并加快磨损；对于滑动表面，可能造成拉伤，甚至咬死；对于油路，可能造成堵塞，使转动配合件得不到良好的润滑，加剧磨损，甚至损坏。

2. 装配的相关术语

1）零件。零件是机器组成中的最小单元，例如一个螺母、一根轴、一个齿轮等。任何一台机器都是由若干个零件组成的。

2）部件。由两个或两个以上零件相结合而成为机器的一部分，称为部件。例如一个主轴总成、车床主轴箱、进给箱等都是部件。

3）装配单元。可以独立进行装配的部件，称为装配单元。任何一台设备都能分成若干个装配单元。

4）基准零件或基准部件。最先进入装配的零件或部件，称为基准零件或基准部件。它们的作用是连接需要装在一起的零件或部件，并决定这些零件或部件之间的正确位置。

从装配的角度看，直接进入机器装配的部件也称组件；直接进入组件装配的部件称为一级分组件；直接进入一级分组件装配的部件称为二级分组件，依次类推。机器越复杂，分组件的级数也就越多。

任何级别的分组件都是由若干个低一级的分组件和若干个零件组成的，但最低级别的分组件只是由若干个零件组成的。

5）装配图。装配图是表达机器或部件的图样，主要表达其工作原理和装配关系。

三、拆装工具和量具

1. 常用拆装工具

常用拆装工具见表1-9。

表1-9 常用拆装工具

工具名称	图例	使用说明	注意事项
锤子		锤子是常用的敲击工具，由锤头、柄部和楔子组成。其规格以锤子的质量来表示，有0.25kg、0.5kg、1kg等	确保锤头与锤柄的连接牢固，防止锤头飞出伤人
内六角扳手	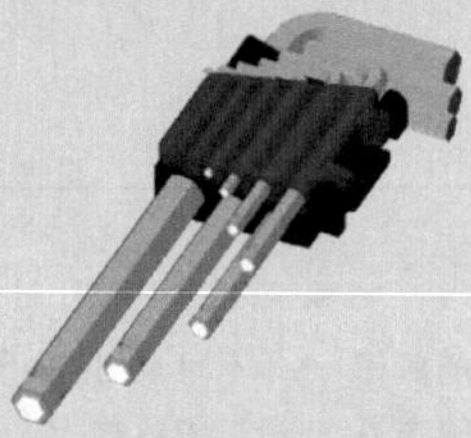	用于旋紧或松退内六角圆柱头螺钉。使用时根据螺纹规格选用不同的型号	使用时要将内六角扳手完全插入内六角圆柱头螺钉且用力均匀。内六角扳手不允许加套使用
铜棒	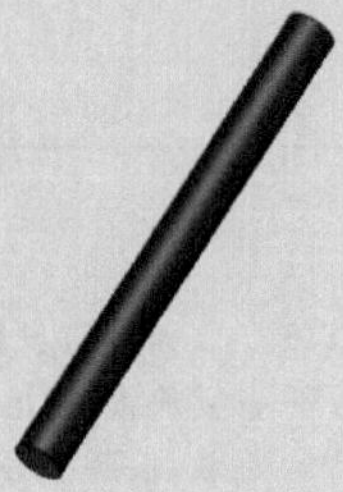	根据敲击的工件的大小选择铜锤或铜棒。扶正工件，先用铜棒轻轻敲击几下使工件入围，然后双手握住铜棒的中部用力敲击	敲击时要保持力垂直于工件且不能用力过大，防止锤子滑脱伤手
毛刷		广泛用于装备制造领域中金属部件的抛光打磨和除尘净化处理	首次使用前先用温水浸泡，然后用手指轻捋刷毛，去除杂毛、碎毛，避免使用过程中毛刷掉毛

(续)

工具名称	图例	使用说明	注意事项
螺钉旋具		主要用于旋紧或松退螺钉。常见的螺钉旋具有一字形螺钉旋具、十字形螺钉旋具和双弯头形螺钉旋具	根据螺钉的槽宽选用螺钉旋具。不可将螺钉旋具当作錾子、杠杆或划线工具使用
呆扳手		主要用于旋紧或松退固定尺寸的螺栓或螺母。呆扳手的规格以钳口开口的宽度来表示	不可加套管或用不正当的方法延长钳柄的长度,以增加使用时的扭力。钳口开口宽度应与螺母宽度相当,以免损伤螺母
活扳手		活扳手的钳口开口宽度在一定的范围内可调节,用来旋紧或松退螺栓、螺母。活扳手的规格以扳手全长尺寸来表示	使用活扳手时,应向活动钳口方向旋转,使固定钳口受主要的力。若活扳手钳口有损伤,应及时更换,以保证安全
手钳		常见的夹持、剪断用手钳有侧剪钳和尖嘴钳。夹持、剪断用手钳的主要作用除可夹持材料或工件外,还可用来剪断小型物件,如钢丝、电线等	不可将手钳当锤子或螺钉旋具使用。侧剪钳、斜口钳只可剪细的金属线或薄的金属板。操作时应根据具体情况合理选用手钳
锉刀		锉刀是用碳素工具钢T12或T13制成的,并经热处理淬硬(锉刀舌不淬硬),是一种小型生产工具	锉刀的脆性很大,使用完毕后应稳妥放置,防止其跌落折断;不要一起堆放,长期不用情况下可以涂抹机油防锈
机油壶		机油壶结构简单,外形小巧,使用方便。常用于机械设备的润滑和保养	机油壶有钢制的,也有塑料材质的,由于机油有黏性,如果按压力量不够,可能会堵塞壶口

项目一 拆装机用平口钳

2. 常用拆装量具

常用拆装量具见表 1-10。

表 1-10 常用拆装量具

工具名称	图例	使用说明	注意事项
钢直尺		可用来测量工件的长度、宽度、高度和深度等。测量前清洁钢直尺工作面和测量工作面。测量结果不是很准确时,可以将钢直尺旋转180°再测量一次,两次测量取平均值	1. 使用后要及时把尺身上的灰尘用布擦干净 2. 用机油润湿存放备用 3. 测量时注意轻拿、轻靠、轻放,防止其弯曲变形 4. 同一把钢直尺在温差较大的环境下使用时会影响测量结果
百分表		指示表可用来检测尺寸精度和几何精度。使用时,按照零件的形状和精度要求,选用合适的百分表或千分表,百分表装夹在专用表架紧固套内时,夹紧力不要过大,夹紧后测杆应能平稳、灵活地移动,无卡住现象。夹装好百分表后,如需转动表圈调整其方向时,应先松开紧固套。用百分表找正或测量工件时,应当使测杆有一定的初始测量压力	1. 使用前,应检查测杆活动的灵活性,并选用规定的支架 2. 测量平面时,测量面和测杆要垂直 3. 测量圆柱形工件时,测杆应与工件的中心线垂直 4. 测量时,轻轻提起测杆,把工件移至测头下面,使测头缓慢下降,不准把工件强迫推入至测头下,也不得急剧下降测头,以免产生瞬时冲击测力,给测量带来误差
塞尺		主要用于测量两结合面之间间隙的大小,是由一组不同厚度级差的薄钢片组成的量规。使用前,用干净的布将塞尺测量表面擦拭干净。将塞尺插入被测间隙中,当来回拉动塞尺感到稍有阻力时,说明间隙接近塞尺上标出的数值;如果拉动时阻力过大或过小,则说明间隙小于或大于塞尺上的数值。测量和调整时间隙,先将符合间隙规定的塞尺插入被测间隙中,然后一边调整间隙大小,一边拉动塞尺,直到感觉稍有阻力时拧紧锁紧螺母,此时塞尺所标出的数值即为被测间隙大小	1. 不允许在测量过程中剧烈弯折塞尺,或用较大的力将塞尺塞入被检测间隙,否则将损坏塞尺的测量表面或零件表面的精度 2. 使用完后,应先将塞尺擦拭干净,并薄涂一层工业凡士林,然后将塞尺折回夹框内,以防锈蚀和变形 3. 存放时,不能将塞尺放在重物下,以免损坏塞尺
游标卡尺		游标卡尺是一种中等精度的量具,可以直接测量出工件的外径、孔径、长度、宽度、深度和孔距等尺寸。使用前先对游标卡尺的外观进行检查,例如标尺标记是否清晰,游标尺是否能够正常滑动。测量时,保证游标卡尺测量爪接触测量面,防止游标卡尺歪斜,锁紧制动螺钉,取出游标卡尺进行读数(主标尺+游标尺)。测两次及以上后记录数据。测量结束后将游标卡尺清洁复位	1. 使用前应先将两测量爪测量面擦拭干净,合并两测量爪,检查游标尺零线与主标尺零线是否对齐 2. 使用时,要控制好测量爪测量面同工件表面接触时的压力,既不能太大,也不能太小 3. 读数时,视线尽可能垂直于尺面 4. 测量外尺寸时,严禁从被测工件上猛力抽取游标卡尺

（续）

工具名称	图例	使用说明	注意事项
游标卡尺			5. 不用游标卡尺测量运动着的工件 6. 不能用游标卡尺代替卡钳在工件上来回拖拉 7. 不要将游标卡尺放在强磁场附近，以免影响测量结果的准确性 8. 使用后，应将游标卡尺平放在专用量具盒内
千分尺		千分尺是一种以螺杆作为运动零件进行长度测量的量具。测量前先将工件表面擦拭干净，并对千分尺进行校正，要保证微分筒端面与固定套管上的零线对齐。测量时，先转动微分筒，当测砧与测微螺杆的距离稍大于物体尺寸时，将被测物放入其中，再转动测力装置，直到棘轮发出"咔咔"声时开始读数。测量完毕，取下千分尺，并将千分尺擦拭干净，涂抹工业凡士林防锈，然后放入量具盒内保存	1. 测量时，仔细检查千分尺结构类型、测量范围、分度值 2. 读数时视线与固定套管上的零线垂直 3. 防止千分尺摔落或磕碰。不要过度用力转动千分尺的测微螺杆 4. 存储时避免阳光直射。应存放在通风良好、湿度较低、灰尘较少的场所

3. 常用量具的读数原理与方法

（1）游标卡尺 游标卡尺的读数部分是由主标尺和游标尺两部分组成的。当两测量爪贴合时，游标尺上的零线（简称游标零线）对准主标尺上的零线，此时两测量爪间的距离为"0"。当尺框向右移动到某一位置时，两测量爪之间的距离就是零件的测量尺寸。此时零件尺寸的整数部分，可根据游标尺零线左边的主标尺的标尺标记读出来，而比1mm小的小数部分，可借助游标尺读数部分读出。

1）确认游标卡尺的分度值。以图1-7所示分度值为0.02mm的游标卡尺为例，主标尺的标尺间隔为1mm，当两测量爪合并时，游标尺的第50个标尺标记正好与主标尺的49mm对齐。主标尺与游标尺的标尺间隔之差为0.02mm，即1mm-49mm÷50=0.02mm，差值0.02mm即为游标卡尺的分度值。

2）确认主标尺读数。根据游标尺零线以左的主标尺上的最近标尺标记读出整毫米数。

3）确认游标尺（副尺）读数。由于游标卡尺的分度值为0.02mm，因此游标尺的一个标尺间隔为0.02mm，五个标尺间隔就为0.10mm，如图1-8所示；此时游标尺读数方法有两种：

图1-7 游标卡尺的分度值

第一种：找到与主标尺的标尺标记对齐的游标尺的标尺标记，再将对齐的标尺间隔数乘以0.02mm（分度值）；例如游标尺上10个标尺间隔对应的位置为2，通过计算：10×0.02mm=0.20mm。

第二种：直接看游标尺读数：例如游标尺上顺序号为1的标尺标记与零线相距5个标尺间隔，所以读数应为5×0.02mm=0.10mm；2为10个标尺间隔，是0.20mm；3为15个标尺间隔，是0.30mm，以此类推。

4）最终读数结果=主标尺读数+游标尺读数。

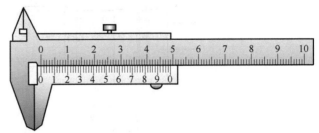

图1-8 游标卡尺的游标尺读数

例如图1-9所示为用游标卡尺测量外径尺寸。

主标尺读数：主标尺的数值为4.1cm=41mm（注意将cm换算为mm）。

游标尺读数：可以清晰地看到图1-9中游标尺零线没有与41mm主标尺的标尺标记重合，因此测量直径超过了41mm，得从左往右读取游标尺的标尺间隔，看哪一个与主标尺的标尺标记对齐。可以看图1-9中游标尺读数1（与游标尺零线相距5个标尺间隔）这个位置刚刚好与主标尺的标尺标记对齐，则有5×0.02mm=0.1mm，或者直接读数1这个位置为0.1mm。

最终读数结果：41mm+0.10mm=41.10mm。

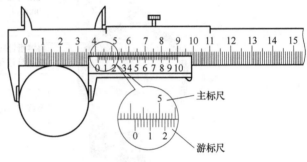

图1-9 游标卡尺的读数

（2）千分尺 千分尺即螺旋测微器，是应用螺旋转动原理，将角位移转变为直线位移来进行长度测量的。它包括一对精密的螺纹——测微螺杆与螺纹轴套和一对读数套筒——固定套管与微分筒。

用千分尺测量零件的尺寸，就是把被测零件置于千分尺的两个测量面之间，两测砧面之间的距离，就是零件的测量尺寸。

1）确认千分尺的分度值。千分尺测微螺杆的螺距为0.5mm，当微分筒转动一周时，测微螺杆就会沿轴线移动0.05mm。固定套管上的标尺间隔为0.5mm，微分筒圆锥面上刻有50个标尺间隔。当微分筒转动1个标尺间隔，测微螺杆就移动0.01mm，即0.5mm÷50=0.01mm，因此该千分尺的分度值为0.01mm。

2）确认千分尺的读数。

① 读固定毫米数。

② 读半毫米数。若固定套管上的半毫米的标尺标记已露出，则记作0.5mm；若未露出，则记作0.0mm。

③ 读出可动毫米数（注意估读）。找出微分筒上与固定套管上基准线对齐的标尺标记，读数相应的毫米数 n，记作 $n×0.01$mm。

④ 求和。最终读数结果为固定毫米数+半毫米数+可动毫米数（估读），如图1-10所示。

（3）百分表 百分表读数的方法为：先读转数指针转过的标尺间隔（即毫米整数），再读指针转过的标尺间隔并估读一位（即小数部分），并将此数乘以0.01mm，最后将两个指针的读数相加，即得到所测量的数值，如图1-11所示。

四、机用平口钳的工作原理

机用平口钳的工作原理是用扳手转动丝杠，通过丝杠螺母啮合带动活动钳身移动，形成对工件的夹紧与松开。

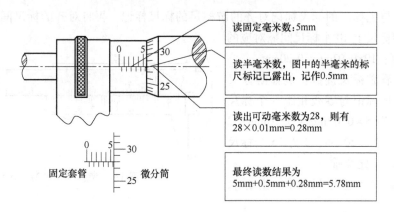

图 1-10 千分尺的读数

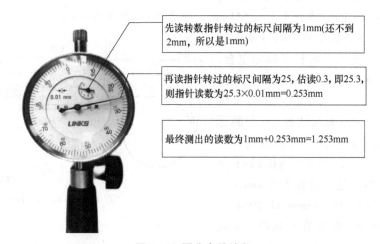

图 1-11 百分表的读数

使用机用平口钳时有以下注意事项：

1）为了不损坏钳口和已加工表面，夹紧工件时应在钳口处垫上铜片。用手挪动垫铁以检查夹紧程度，如有松动，说明工件与垫铁之间贴合不紧，应该松开机用平口钳重新夹紧。

2）装夹刚性不足的工件时需要有支承，以免因夹紧力过大而使工件变形。

五、机用平口钳中的零部件

1. 键

（1）键的基本类型　键的基本类型、联结形式、特点及应用见表 1-11。

表 1-11　键的类型、联结形式、特点及应用

基本类型		图例	联结形式	特点及应用
平键	普通平键	圆头(A型)		依靠键与键槽侧面的挤压力来传递转矩，故平键的两个侧面是工作面，平键的上表面与轮毂槽的顶面之间留有间隙。平键联结的结构简单，拆装方便，对中性好，应用很广，但它不能承受轴向力，故对轴上零件不能起到轴向固定的作用
		平头(B型)		

(续)

基本类型		图例	联结形式	特点及应用
平键	普通平键	$l=L-0.5b$, L, b 单圆头(C型)		
	导向平键	A型 B型		导向平键是一种较长的平键,用螺钉固定在轴上,键与轮毂槽采用间隙配合,轴上零件能做轴向位移。导向平键适用于移动距离不大且转矩较小的场合。例如变速器中的滑移齿轮与轴的联结
半圆键				依靠键的两个侧面传递转矩。键在轴槽中能绕其几何中心摆动,装配方便,但键槽较深,对轴的强度削弱较大。一般只用于轻载或锥形轴端与轮毂的联结
楔键	普通楔键	∠1:100		键的上、下两面为工作面,依靠楔紧作用传递转矩,能轴向固定零件和传递单方向的轴向力,对中性较差。用于精度要求不高、低速和载荷平稳的场合,钩头供拆卸用
	钩头楔键	∠1:100		
切向键			120°	由两个楔键组成,对中性差,一个切向键只能传递一个方向的转矩,传递双向转矩应按120°分布两个切向键。用于载荷较大、对中性要求不高和轴径很大的场合

(2) 键联结件的装配 在装配键联结件时,要重点考虑拆卸过程方便性,特别是需要经过预装配的组件。键和配件必须经修配后才能压入,否则会造成拆卸困难,还会损坏组件,造成不必要的损失。不同类型键联结件的装配方法见表1-12。

表 1-12 不同类型键联结件的装配方法

类型	装配要点	装配方法	示意图
平键联结件的装配	键的两侧面为过渡配合,键的底面应与槽底接触,顶面应留有较大的间隙,在键长方向也应留有一定的间隙。平键联结所采用的键有普通平键、导向平键、半圆键三种	1. 消除键槽的锐边,以防装配时造成过大的过盈量 2. 试装配轴和轴上的配件(先不装入平键),以检查轴和孔的配合状况,避免装配时轴与孔配合过紧 3. 修配平键与键槽宽度的配合精度,要求配合稍紧,不得有较大间隙,若配合过紧,可对键的侧面稍做修整 4. 修锉平键、半圆键与轴上键槽间留有 0.1mm 左右的间隙 5. 将平键安装于轴的键槽中,在配合面上应加机械油,用机用平口钳夹紧(钳口必须垫铜片)或用铜棒敲击,将平键压入轴上键槽内,并与槽底接触 6. 试配并安装配件,键顶面与配件槽底面应留有 0.3~0.5mm 的间隙。若侧面配合过紧,则应拆下配件,根据键槽上的接触印痕,修整配件的键槽两侧面,但不允许有松动,以避免传递动力时产生冲击及振动	
楔键联结件的装配	楔键的形状与平键形状相似,但顶面有 1:100 的斜度,一端有钩头,便于键的拆卸。装配时主要保证键的上、下接触面配合良好	1. 锉配键宽,使其与键槽之间保持一定的配合间隙 2. 将轴上的键槽与轮毂对正,在楔键的斜面上涂色后敲入键槽内,根据接触斑点判别斜度配合是否良好。再用锉削或刮削法进行修整,使键与键槽的上、下接触面紧密贴合。然后清洗楔键和键槽。最后将楔键涂油后敲入键槽中 3. 对于钩头楔键,不能使钩头紧贴套件的端面,必须留有一定的距离,以便拆卸	
花键联结件的装配	花键联结用于传递较大的转矩,如机床的传动轴等。按其齿形的不同,可分为矩形、渐开线形、三角形等几种,其中最常用的是矩形花键。花键轴与内花键多为间隙配合,装配后应能相对滑动	1. 预装。花键轴具有较高的加工精度,装配前只需用油石将棱边倒角;内花键一般用拉刀拉削而成,精度也很高。但对于内花键齿轮,由于齿部经高频感应加热淬火,会使内花键的直径缩小。因此,试装后需用油石或整形锉进行修整 2. 用着色法进行修整。将齿轮固定在机用平口钳上,两手将轴托住,在大小内花键中,找到误差最小的位置,同时在齿轮和花键轴端面做出标记,以便按标记装配,不得误装。对齿轮内花键进行涂色,将花键轴用锤子轻轻敲入。退出轴后,根据色斑分布修整键槽的两肩,反复数次直到合格为止。合适的尺度是花键轴能在齿轮中沿轴向滑动自如,不忽松忽紧;转动轴时,不应感觉到有较大的间隙 3. 装配。修正好后便可进行装配。由于花键联结的精度要求较高,因此在装配过程中对各种因素都要考虑周密并且需要格外细心	

2. 销

（1）销的基本形式　销联接可用来固定零件间的相互位置，构成可拆联接，也可用于轴和轮毂或其他零件的连接以传递较小的载荷，有时还用作安全装置中的过载剪切元件。销主要有圆柱销和圆锥销两种类型，如图1-12所示，其他形式的销都是由这两种销演化而来。在生产中常用的有圆柱销、圆锥销和内螺纹圆锥销三种。销已标准化，使用时可根据工作情况和结构要求，按标准选择其形式和规格尺寸。

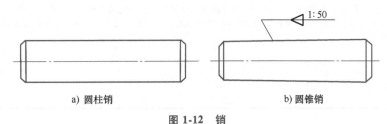

a) 圆柱销　　　　　　　　b) 圆锥销

图 1-12　销

（2）销联接的应用特点　销联接可用来确定零件之间的相互位置、传递动力或转矩，还可用作安全装置中的被切断零件。

用作确定零件之间相互位置的销，通常称为定位销。定位销常采用圆锥销联接，如图1-13所示，因为圆锥销具有1∶50的锥度，使联接具有可靠的自锁性，且可以在同一销孔中，多次拆装而不影响联接零件的相互位置精度。定位销在联接中一般不承受或只承受很小的载荷。定位销的直径可按结构要求确定，使用数量不得少于两个。销在每一个联接零件内的长度为销直径的1~2倍。

圆柱销也可用作定位销，靠一定的配合固定在被联接零件的孔中。圆柱销如多次拆装圆柱销，会降低销联接的可靠性并影响定位精度，因此销联接只适用于不经常拆装的定位联接中。为方便拆装销联接或对不通孔进行销联接，可采用内螺纹圆锥销（图1-14）或内螺纹圆柱销定位。

用作传递动力或转矩的销称为联接销，如图1-15所示，可采用圆柱销或圆锥销，销孔需铰制。联接销工作时受剪切和挤压作用，其尺寸应根据结构特点和工作情况，按经验和标准选取，必要时应做强度校核。销的材料一般采用35钢或45钢，许用剪应力 $[\tau]$ 为80MPa。

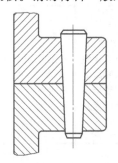　　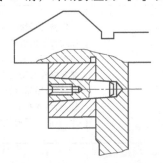　　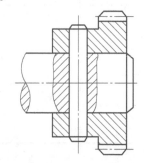

图 1-13　定位销的圆锥销联接　　图 1-14　用内螺纹圆锥销定位　　图 1-15　用作传递动力或转矩的联接销

（3）销的拆装　不同类型销的拆装方法见表1-13。

表 1-13　不同类型销的拆装方法

类型		拆装要点	拆装方法	示意图
销的装配	圆柱销	圆柱销可以用来固定零件、传递动力或作为定位销。其联接一般不宜多次拆装，否则会降低配合精度。这种联接都有一定的过盈量，一经拆卸就必须换用新销	装配时，两个联接件的销孔要同时钻出并铰孔，在销表面涂些润滑油，用铜棒将销打入孔中，或将铜棒垫在圆柱销销的端面上，用锤子敲入	圆锥销的装配
	圆锥销	标准圆锥销的锥度为1∶50，具有拆装方便、定位准确，且可以多次拆装不影响其定位精度等特点，主要用于定位。圆锥销的规格是以小端直径和长度来表示的	装配时，两被联接件的销孔也必须同时钻、铰。钻孔时需按小端直径选用钻头；铰孔时必须控制铰孔深度。销插入孔内的深度以占圆锥销长度的80%~85%为宜。当用铜棒敲入后，应保证销的倒角部分伸出被联接件平面以外	

(续)

类型	拆装要点	拆装方法	示意图
销的拆卸		若销孔为通孔,则用一个直径略小于销孔的金属棒在销的底端顶住,用锤子将销敲出。若销孔为不通孔,则必须使用带内螺纹或螺尾的销,其拆卸方法如右图所示,或利用拔销器将销拔出	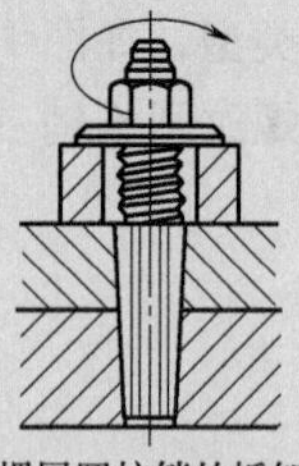 螺尾圆柱销的拆卸

3. 螺纹联接

螺纹联接结构简单、联接可靠、拆装方便、类型多样,是机械结构中广泛应用的紧固件联接方式。

(1) 常用螺纹的类型、特点及应用　除矩形螺纹外,螺纹均已标准化。除多数管螺纹采用寸制螺纹(以每英寸牙数表示螺距)外,均采用米制螺纹。常用螺纹的类型、牙型、特点及应用见表1-14。

表1-14　常用螺纹的类型、牙型、特点及应用

类型	牙型示意图	特点	应用
普通螺纹（三角形螺纹）	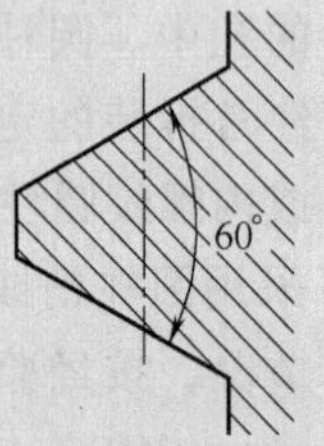	牙型为等边三角形,牙型角 $\alpha = 60°$。对于同一公称直径,按螺距大小分为粗牙螺纹和细牙螺纹	粗牙螺纹常用于一般联接;细牙螺纹自锁性好,用于受冲击、振动和变载荷的联接
管螺纹	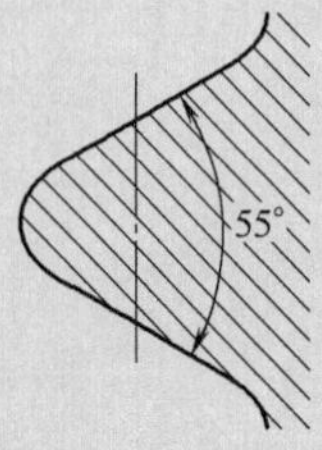	牙型为等腰三角形,牙型角 $\alpha = 55°$。非螺纹密封的管螺纹本身不具有密封性,若要求联接后具有密封性,可压紧被联接件螺旋副外的密封面,也可在密封面间添加密封物;用螺纹密封的管螺纹在螺纹旋合后,利用本身的变形即可保证联接的密封性,不需要任何填料	适用于管子、管接头、旋塞、阀门等螺纹联接件
米制锥螺纹	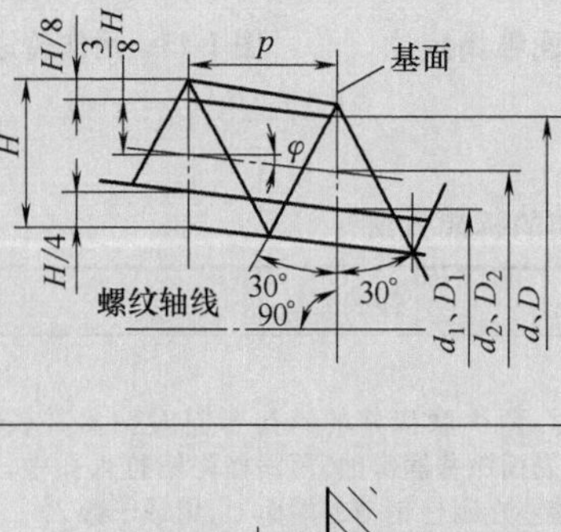	牙型角 $\alpha = 60°$,螺纹分布在锥度为 $1:16$ 的圆锥管壁上	用于气体或液体管路系统,依靠螺纹密封的联接螺纹(水和煤气管道用管螺纹除外)
矩形螺纹	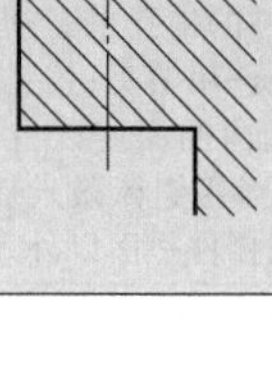	牙型为正方形,牙型角 $\alpha = 0°$,传动效率高,牙底强度弱,难以修复和补偿磨损后的间隙,会使传动精度降低	用于传动,已逐渐被梯形螺纹替代

(续)

类型	牙型示意图	特点	应用
梯形螺纹	(30°)	牙型为等腰梯形,牙型角 $\alpha=30°$,传动效率略低于矩形螺纹,但牙底强度高,工艺性和对中性好,可补偿磨损后的间隙	常用作传动螺纹
锯齿形螺纹	(3°,30°)	牙型为不等腰梯形,工作面的牙侧角为3°,非工作面的牙侧角为30°,具有传动效率高、牙底强度高的特点	常用于单向受力的传动中

（2）螺纹联接的主要类型及应用　螺纹联接由联接件和被联接件组成。螺纹联接的主要类型、结构、特点及应用见表1-15。

表1-15　螺纹联接的主要类型、结构、特点及应用

类型		结构示意图	特点	应用
螺栓联接	普通螺栓联接	(图)	螺栓穿过被联接件的通孔,与螺母组合使用,拆装方便,成本低,不受被联接件的材料限制。最常用的是六角头螺栓,配以高 0.8d 的六角螺母。螺栓有粗牙和细牙两种类型,螺栓杆部有部分螺纹和全螺纹两种。此外,还有用于工艺夹具设备的T形槽螺栓、用于将机器设备固定在地基上的地脚螺栓等	广泛用于传递轴向载荷且被联接件厚度不大、能从两边进行安装的场合
	铰制孔用螺栓联接	(图)	螺栓穿过被联接件的铰制孔并与之过渡配合,与螺母组合使用,六角头铰制孔用螺栓的螺栓杆直径 d_s 大于公称直径 d,常配以高 $(0.36\sim0.6)d$ 的六角薄螺母,除六角螺母外,在螺栓联接中有时也采用方形、蝶形、环形、槽形、盖形螺母及圆螺母、锁紧螺母等	适用于传递横向载荷或需要精确固定被联接件的相互位置的场合
双头螺柱联接		(图)	双头螺柱的一端旋入较厚被联接件的螺纹孔中并固定,另一端穿过较薄被联接件的通孔,与螺母组合使用。双头螺柱的两端螺纹有等长和不等长两种类型：A型带退刀槽；B型制成腰杆,末端碾制。平垫圈可保护被联接件表面不被划伤,弹簧垫圈有 $65°\sim80°$ 的左旋开口,用于摩擦防松。此外,还有斜垫圈、止动垫圈等	适用于被联接件之一较厚且经常装拆的场合

(续)

类型	结构示意图	特点	应用
螺钉联接		螺钉穿过较薄被联接件的通孔,直接旋入较厚被联接件的螺纹孔中,不用螺母,结构紧凑。螺钉头部有六角头、圆柱头、半圆头、沉头等形状。螺钉旋具槽有一字槽、十字槽、内六角孔等形式。机器上常设吊环螺钉。螺栓也可用作螺钉	适用于被联接件之一较厚,受力不大且不经常装拆的场合
紧定螺钉联接		紧定螺钉旋入被联接件的螺纹孔中,并用尾部顶住另一被联接件的表面或相应的凹坑中。头部为一字槽的紧定螺钉最常用。尾部有多种形状,平端用于高硬度表面或经常拆卸处;圆柱端可压入轴上的凹坑;锥端用于低硬度表面或不常拆卸处	用于固定两被联接件的相对位置,并可传递不大的力或转矩

（3）螺纹联接的拧紧与防松 螺纹联接在承受工作载荷之前,一般需要拧紧,这种联接称为紧联接;不需要拧紧的联接,称为松联接。拧紧可提高联接的紧密性、紧固性和可靠性。拧紧时螺栓所受的拉力称为预紧力。预紧力过大,螺纹牙可能被剪断而滑扣;预紧力过小,紧固件可能松脱,被联接件会出现滑移或分离。因此,拧紧螺栓时需控制拧紧力矩,从而控制预紧力。对于精度较高的螺纹联接,常采用指针式测力矩扳手（图1-16）或预置式定力矩扳手（图1-17）控制拧紧力矩。目前较多采用电动扳手控制预紧力矩。

图1-16 指针式测力矩扳手

图1-17 预置式定力矩扳手

联接螺纹常为单线,满足自锁条件,螺纹联接在拧紧后,一般不会松动。但在变载荷、冲击、振动作用下,都会使预紧力减小,摩擦力降低,导致螺旋副相对转动,使螺纹联接松动,因此必须采取防松措施。常用的螺纹联接防松方法见表1-16。

表1-16 常用的螺纹联接的防松方法

类型	防松方法	防松装置示意图	原理	应用场合
摩擦防松	对顶螺母	主螺母 副螺母	利用两螺母对顶作用,使螺栓始终受到附加的拉力和附加的摩擦力,增大螺纹接触面的摩擦阻力矩。防松效果较好	使螺旋副中产生不随外力变化的正压力,以形成阻止螺旋副相对转动的摩擦力 适用于机械外部静止构件的联接,以及防松要求不严格的场合

(续)

类型	防松方法	防松装置示意图	原理	应用场合
摩擦防松	金属锁紧螺母		螺母一端制成非圆形收口或开缝后径向收口,当拧紧螺母后,收口张开,利用收口的弹力压紧螺纹。防松效果较对顶螺母稍差	使螺旋副中产生不随外力变化的正压力,以形成阻止螺旋副相对转动的摩擦力。适用于机械外部静止构件的联接,以及防松要求不严格的场合
	弹簧垫圈		利用拧紧螺母时,弹簧垫圈被压平后产生的弹性力使螺纹间保持一定的摩擦阻力矩。防松效果较差	
锁住防松	开口销和槽形螺母		拧紧螺母后,开口销穿过螺母槽和螺栓尾部的小孔,使螺栓、螺母不能相对转动	利用各种止动件机械地限制螺旋副相对转动的方法。这种方法可靠,但装拆麻烦,适用于机械内部运动构件的联接,以及防松要求较高的场合
	串联金属丝		螺栓头部有小孔,使用时将金属丝穿入小孔并盘紧,以防螺栓松脱。但要注意金属丝盘线的方向应是使螺栓旋紧的方向。适用于螺栓组联接,防松可靠,装拆不便	
	止动垫圈		将止动垫圈的一舌折弯后插入被联接件上的预制孔中,另一舌待拧紧螺母后再折弯并紧贴在螺母的侧平面上以防松	

(续)

类型	防松方法	防松装置示意图	原理	应用场合
不可拆防松	冲眼法		拧紧螺母后,打样冲眼破坏螺栓端部的螺纹牙型,使螺纹联接件不能相对转动 防松可靠,拆卸后联接件不能重复使用	在拧紧螺旋副后,采用打样冲眼、焊接、胶接等措施,使螺纹联接不可拆 方法简单、可靠,适用于装配后不再拆卸的联接
	焊接法		螺母拧紧后,将螺栓与螺母焊接在一起,使螺纹联接件不能相对转动 防松可靠,但拆卸后联接件不能重复使用	
	胶接法		在旋合螺纹间涂以胶结剂,使螺纹副旋紧后粘合在一起 防松效果良好,且有密封作用	

（4）螺纹联接的拆装工具　螺纹联接的拆装工具很多,使用时根据使用场合和部位的不同,选用不同的工具。螺纹联接常用拆装工具见表1-17。

表1-17　螺纹联接常用拆装工具

工具名称		主要用途	示意图
扳手	活扳手	用来拧紧或旋松六角头、正方头螺钉和各种螺母	
	呆扳手		

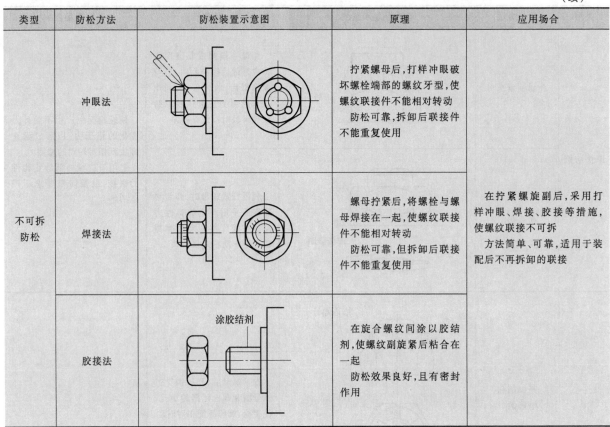

（续）

工具名称		主要用途	示意图
扳手	整体扳手		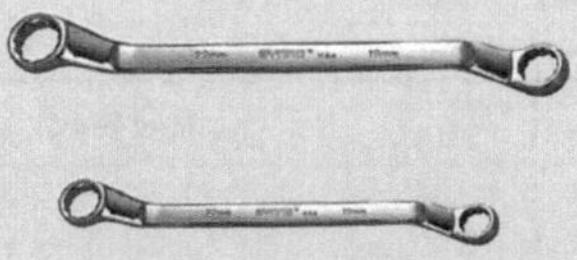
	成套套筒扳手	用来拧紧或旋松六角头、正方头螺钉和各种螺母	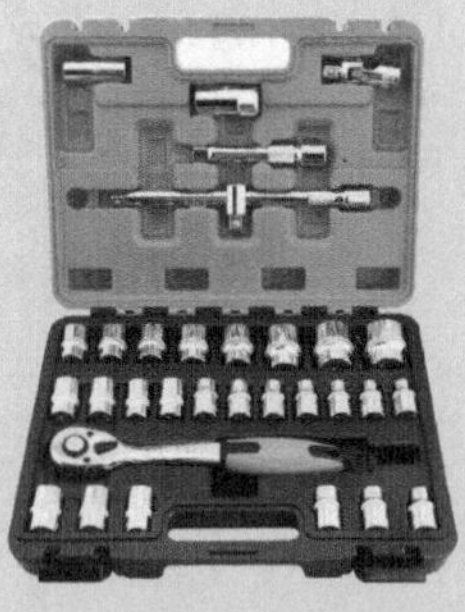
	锁紧扳手	专门用来锁紧或旋松各种结构的圆螺母	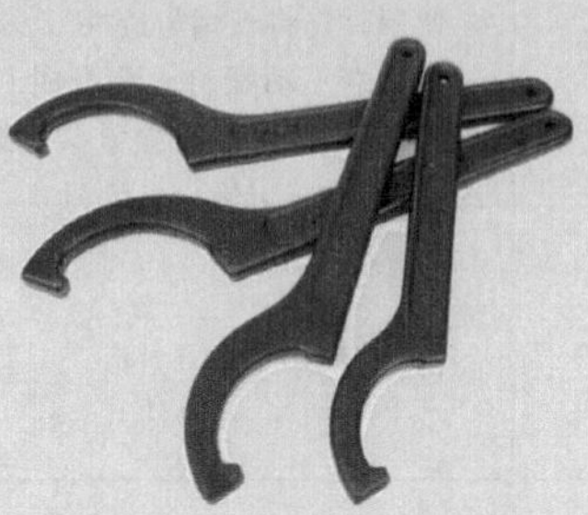
	特种扳手	用于快速、高效地拧紧或旋松螺母或螺钉	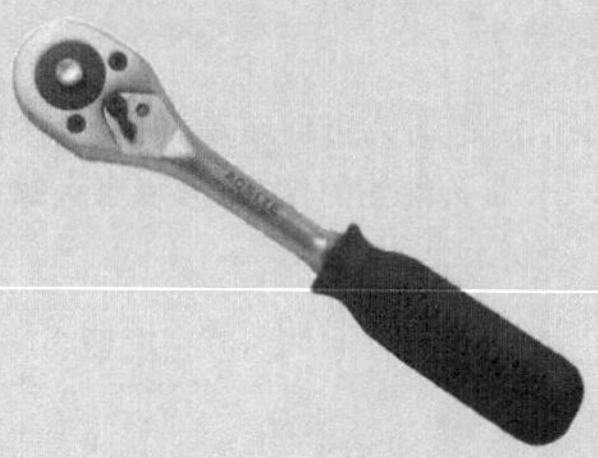

（5）螺纹联接的装配要点

1）螺纹配合应做到用手能自由旋转，过紧会损伤螺纹，过松则受力后易导致螺纹断裂。

2）螺栓、螺母端面应与螺纹轴线垂直，以使其均匀受力。

3）零件与螺栓、螺母的配合面应平整光洁，否则联接易松动。为了提高联接质量，可加垫圈。

4）必须保证双头螺柱与机体螺纹的配合有足够的紧固性，在拆装螺母过程中，螺栓不能有任何松动现象，否则容易损坏螺纹孔。

5）双头螺柱的轴线应与机体表面垂直。通常用直角尺检验或目测判断，并及时进行纠正。

6）装入双头螺柱时，必须加润滑油，以免拧入时产生螺纹拉毛现象，同时可以防锈，为以后拆卸和更换提供方便。

（6）螺母的拆装 常用螺母的拆装方法见表1-18。

六、机械拆装安全和文明生产操作规程

1. 拆装室的安全制度

1）要严格执行实训工厂的安全工作条例和设备拆装的操作规程，切实抓好安全工作。实训室主任

是本室安全责任第一人，有权力和义务对所有成员经常进行安全教育，明确安全责任，定期进行安全检查。

表 1-18 常用螺母的拆装方法

内容	练习要领	示意图
双螺母拆装法	先将两个螺母锁紧在双头螺柱上，拧紧时可扳动上面一个螺母；拆卸时则需扳动下面一个螺母	
长螺母拆装法	使用时先将长螺母旋在双头螺柱上，然后拧紧顶端止动螺钉。装配时只要扳动长螺母，即可使双头螺柱旋紧。拆卸时应先将止动螺钉回松，再旋出长螺母	
专用工具拆装法	按拧入方向转动，使工具中的偏心盘楔紧双头螺柱的外圆，拆装双头螺柱	

2）在实训室设立一名安全员，协助实训室主任抓好实训室的安全教育、安全检查及隐患排除等工作，并负责指导本实训室人员掌握消防器材的维护和使用。

3）实训室主任、安全员必须对在实训室实训的学员进行安全教育，督查安全执行情况，确保人身及设备的安全。对违反规定者，管理人员有权停止其实习。

4）实训室内严禁吸烟、打闹和做与实训无关的事情，注意保持实训室的环境卫生和设施安全。

5）消防器材按规定放置，不得挪用。要定期检查，及时更换失效器材。

6）实训室的钥匙必须妥善保管，对持有者要进行登记，不得私配和转借，人员调出时必须交回。实训室工作人员不得将钥匙借给学员。

7）一旦发生火情，要及时组织人员扑救并及时报警。遇到事故，要注意保持现场并迅速报警。要积极配合有关部门查明事故原因。

8）未经批准，任何人不得随便进入实训室。节假日需要加班者应填写加班申请单，经实训室主任签字、实训工厂负责人签字同意后方可，必须有两人以上在场，以确保人身安全。

9）若工作需要对仪器、设备进行开箱检查、维修，要经实训室主任签字同意才能拆装，并要有两人在场。检修完毕或离开检修现场前，必须将拆开的仪器设备妥善存放。

10）实训室值班人员离开实训室之前，必须进行安全检查，关好水、断电、锁门。

2. 机械拆装学员实训守则

1）实训前按规定穿戴好工作服，依次有序进入实训场地。
2）实训前做好充分准备，了解实训的目的、要求、方法、步骤及注意事项。
3）进入实训室必须按规定就位，听清实训指导老师的要求。
4）保持实训室的安静、整洁，不得吵闹、喧哗，不得随地吐痰及乱扔脏物，与实训无关的物品不得带入实训室。
5）实训前首先核对实训用品是否齐全，如有不符，应立即向实训指导老师提出补领或调换。
6）爱护实训仪器及设备，严格按照实训规程使用仪器和设备，不得随便乱拆卸。
7）实训时按实训指导书要求，分步骤认真做好各项实训内容，并做好实训记录，填写实训报告书。
8）拆下的零部件要摆放有序，搬动大件务必注意安全，以防砸伤人及机件。
9）注意安全，如在实训过程中发现异常，应立即停止操作，及时报请实训指导老师检查处理。
10）实训结束后，清洁场地、设备，整理好工位。清点并擦净工具、量具，放回原处才能离开实训场地。

3. 机械拆装操作安全须知

1）注意将待拆卸设备切断电源，挂上"有人操作，禁止合闸"的标志。
2）设备拆卸时必须遵守安全操作规则，服从指导人员的安排与监督。认真严肃操作，不得串岗操作。
3）需要使用带电工具（手电钻、手砂轮等）时，应检查是否已接地或接零线，并应佩戴绝缘手套、穿胶鞋。使用手持照明灯时，电压应低于36V。
4）如需要多人操作时，必须有专人指挥，密切配合。
5）拆卸中，不准用手试摸滑动面、转动部位或用手试探螺纹孔。
6）使用起重设备时，应遵守起重工安全操作规程。
7）试机前要检查电源连接是否正确，各部位的手柄、行程开关、撞块等是否灵敏可靠，传动系统的安全防护装置是否齐全，确认无误后才可开机运转。
8）试车规则：空车慢速运转后逐步提高转速，运转正常后，再做负荷运转。

【职业拓展】

"7S" 管理

企业的7S管理主要是指：整理（Seiri）、整顿（Seiton）、清扫（Seiso）、清洁（Seiketsu）、素养（Shitsuke）、安全（Safety）和节约（Speed/Saving）七个方面。因为这七个词日语和英文的第一个字母都是"S"，所以简称"7S"。

整理（Seiri）就是彻底地将要与不要的东西区分清楚，并将不要的东西加以处理，它是改善生产现场的第一步。

整顿（Seiton）是指把经过整理出来的需要的人、事、物加以定量、定位，简言之，整顿就是人和物放置方法的标准化。

清扫（Seiso）就是彻底地将自己的工作环境四周打扫干净，设备异常时马上维修，使之恢复正常。

清洁（Seiketsu）是指对整理、整顿、清扫之后的工作成果要认真维护，使现场保持完美和最佳状态。

素养（Shitsuke）是指严格遵守规章制度的习惯和作风，是"7S"活动的核心和精髓。

安全（Safety）就是要维护人身与财产不受侵害，以创造一个零故障，无意外事故发生的工作场所。

节约（Speed/Saving）就是对时间、空间、能源等方面合理利用，以发挥它们的最大效能，从而创造一个高效率且物尽其用的工作场所。

【项目评价】

机用平口钳拆装训练考核内容见表1-19。

表1-19 机用平口钳拆装训练考核内容

班级：_____ 姓名：_____ 学号：_____

考核项目		配分	自评得分	小组评价	教师评价	备注
工作态度	信息收集	10				能熟练查阅相关资料,多种途径获取知识
	团队合作	10				团队合作能力强,能与团队成员共同学习
	安全文明操作	10				按照操作规程进行规范操作
任务实施	任务一:拆卸机用平口钳	20				
	任务二:装配机用平口钳	20				
知识储备	机械拆卸的基本知识	5				
	机械装配的基本知识	5				
	机用平口钳拆装工具、量具	5				
	机用平口钳的工作原理及特点	5				
	机用平口钳中的零部件	5				
	机械拆装安全和文明生产操作规程	5				
合计		100				
综合评价	综合评价成绩＝自评成绩×30%+组评成绩×30%+师评成绩×40%					
心得						

【思考与练习】

1. 简述拆卸过程中的注意事项。
2. 简述键联结的类型、特点及应用。
3. 简述销的基本形式和应用特点。
4. 三角形螺纹的主要参数有哪些？

项目二

拆装二级圆柱齿轮减速器

【项目简介】

圆柱齿轮减速器是一种动力传动机构。它是利用不同齿数齿轮的啮合,将电动机的转速减到所要求的转速,并得到较大转矩的装置。圆柱齿轮减速器的齿轮采用渗碳、淬火、磨齿加工。这种减速器主要用于带式输送机及各种运输机械,也可用于其他通用机械的传动机构中,具有承载能力高、寿命长、体积小、效率高、重量轻等优点。圆柱齿轮减速器广泛应用于冶金、矿山、起重、运输、水泥、建筑、化工、纺织、印染、制药等领域。二级圆柱齿轮减速器如图 2-1 所示。

图 2-1 二级圆柱齿轮减速器

【项目分析】

本项目通过对二级圆柱齿轮减速器进行规范拆卸,了解二级圆柱齿轮减速器的结构,认识主要零部件,熟悉各部件在传动系统中的作用和工作原理;通过对二级圆柱齿轮减速器进行装配,掌握二级圆柱齿轮减速器的装配工艺。

【项目目标】

1. 知识目标

1) 熟悉机械拆装的基本知识。
2) 掌握二级圆柱齿轮减速器的性能、结构和工作原理。
3) 熟悉轴承、齿轮和轴等零件的类型、形状、用途以及它们之间的装配关系。
4) 掌握二级圆柱齿轮减速器的拆装过程、工艺要领、拆装工具和拆装注意事项。

2. 能力目标

1) 能正确选用拆装工具。
2) 能规范拆装二级圆柱齿轮减速器。
3) 能对装配后的二级圆柱齿轮减速器进行检测。

3. 素养目标

1) 具备分析和解决问题的能力，能够独立思考和处理二级圆柱齿轮减速器拆装过程中出现的各种技术问题。
2) 具备安全意识和责任心，遵守操作规程和相关安全规定，预防和避免危险事故的发生。
3) 具备团队协作意识和沟通能力，能够与团队成员紧密配合，认同工作价值，高效完成工作任务。

任务一　拆卸二级圆柱齿轮减速器

 【任务导入】

本次任务要求规范使用工具、量具对二级圆柱齿轮减速器进行拆卸，并在拆卸过程中熟悉二级圆柱齿轮减速器的结构、各零件名称及作用，领会二级圆柱齿轮减速器的工作原理，熟练掌握二级圆柱齿轮减速器的拆卸方法和工具、量具的使用方法。二级圆柱齿轮减速器结构如图2-2所示。

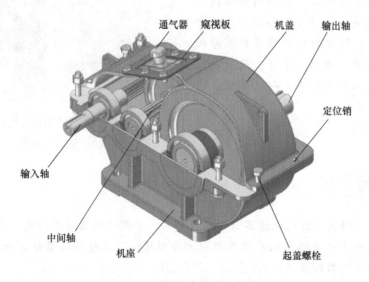

图2-2　二级圆柱齿轮减速器结构

 【任务分析】

在拆卸之前，需要认真研究减速器的技术资料，同时仔细观察减速器的外观。二级圆柱齿轮减速器的结构紧凑，主要包含机座、机盖、输出轴、中间轴、输出轴齿轮、轴承、键、销、螺栓、螺母等多种零部件，二级圆柱齿轮减速器结构图如图2-3所示。从外观看，二级圆柱齿轮减速器采用的是分离式箱体，沿轴线分为机座和机盖，二者之间采用螺栓联接，同时借助两圆锥销定位来保证拆卸后的装配位置。拆卸机盖后，仔细观察机体内输入轴、中间轴和输出轴上各零部件的结构和位置，明确各零件的用途。最后确定拆卸方法并选用合理的工具、量具。

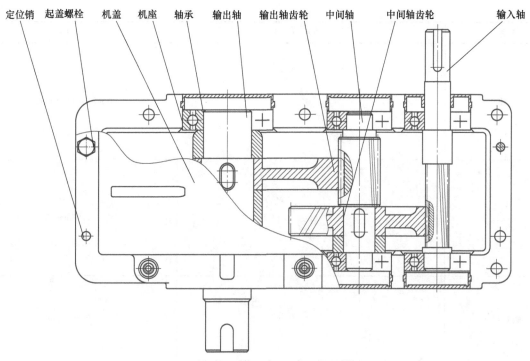

图 2-3 二级圆柱齿轮减速器结构图

【任务实施】

一、拆卸二级圆柱齿轮减速器的工具、量具

1）实训设备：二级圆柱齿轮减速器若干台。
2）二级圆柱齿轮减速器装配图。
3）拆卸二级圆柱齿轮减速器的工具、量具见表2-1。

表 2-1 拆卸二级圆柱齿轮减速器工具、量具

名称	图示	规格
锤子		0.5kg
内六角扳手		1.5~10mm

（续）

名称	图示	规格
铜棒	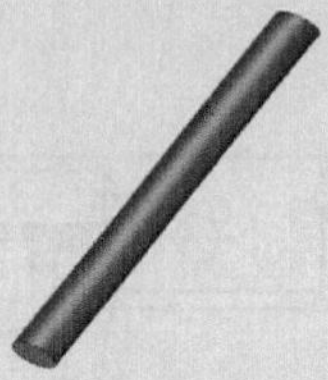	ϕ20mm×150mm
毛刷	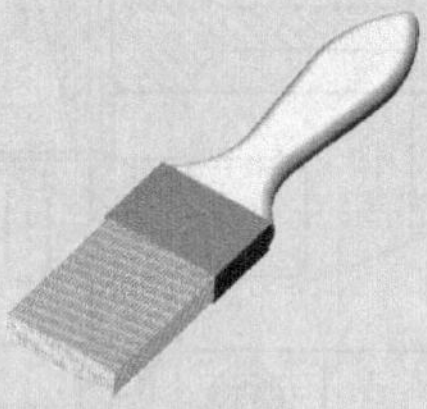	50mm
钢直尺		0~150mm
游标卡尺	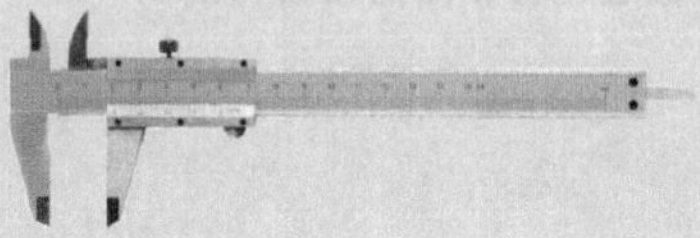	0~150mm
活扳手	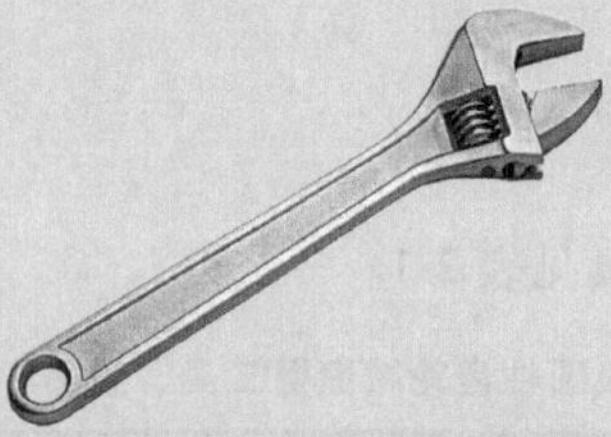	200mm×24mm（8in）（1in＝25.4mm）
液压拉马	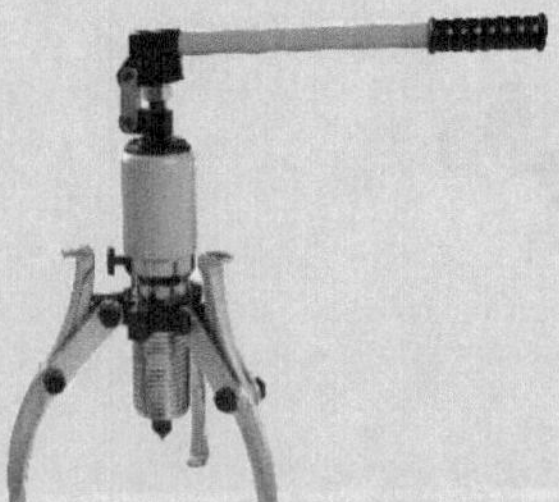	PH106
三叉套筒扳手	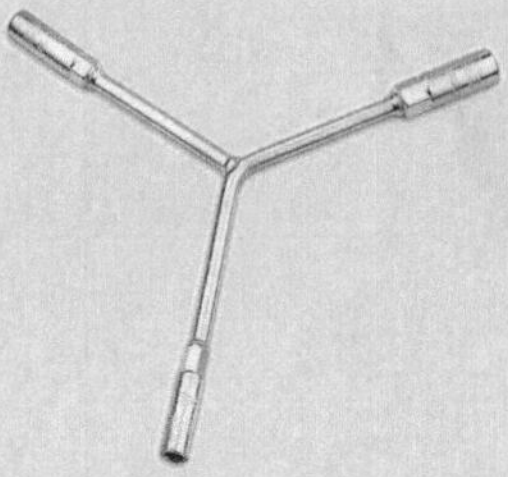	8mm-10mm-12mm

二、拆卸二级圆柱齿轮减速器的步骤

按照表 2-2 所列步骤拆卸二级圆柱齿轮减速器。

拆卸二级圆柱
齿轮减速器

表 2-2 拆卸二级圆柱齿轮减速器的步骤

序号	拆卸步骤	拆卸图示	拆卸要点
1	准备工作		将二级圆柱齿轮减速器放在工作台上,准备好所需工具、量具
2	拆卸窥视板		使用扳手旋松窥视板上的螺栓并将其取出,将窥视板和窥视板垫片一并取下(通气器与其固定螺母需一并取下,以免掉入机座)
3	拆卸放油螺栓		拆下放油螺栓(如机座内已加润滑油,应先在机座下面放一个接油盘,将机座内的润滑油排空)
4	拆卸紧固螺栓		使用扳手将联接机盖与机座的紧固螺栓依次松开并取下

35

(续)

序号	拆卸步骤	拆卸图示	拆卸要点
5	拆卸机盖	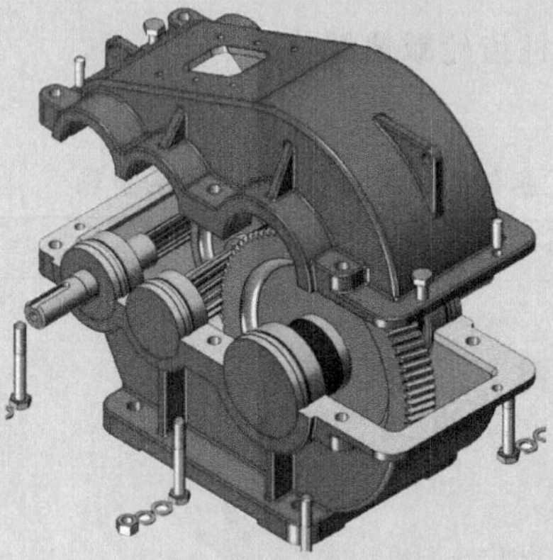	使用铜棒将定位销取下,旋松起盖螺栓,使机盖和机座分离
6	取出输入轴组件	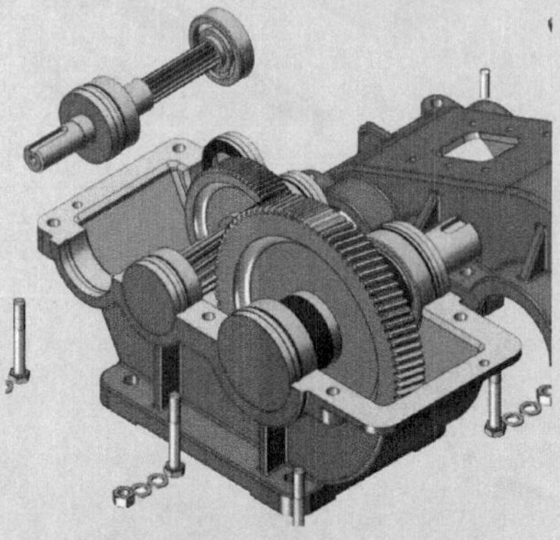	将输入轴组件从机座中取出
7	取出中间轴组件		将中间轴组件从机座中取出
8	取出输出轴组件	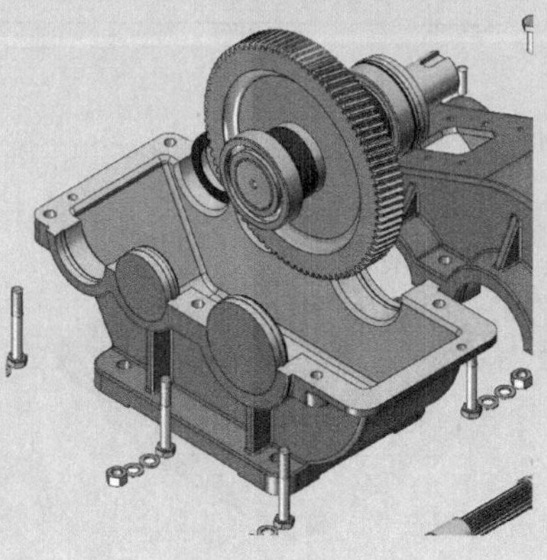	将输出轴组件从机座中取出

（续）

序号	拆卸步骤	拆卸图示	拆卸要点
9	拆卸输入轴、中间轴和输出轴的轴承端盖	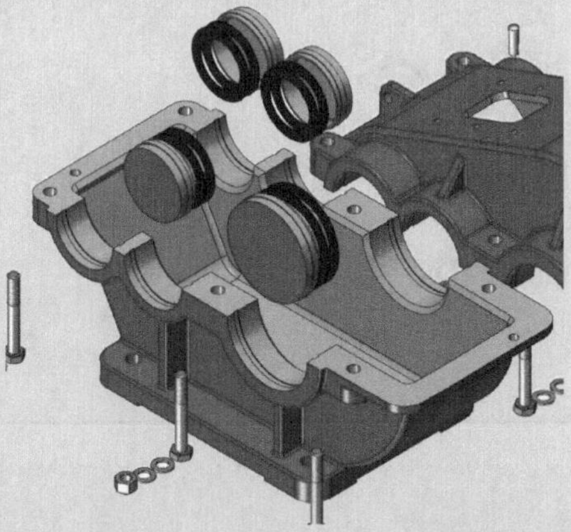	分别将输入轴、中间轴和输出轴的轴承端盖拆下，并将轴承调整垫片一并取下
10	拆卸输入轴组件	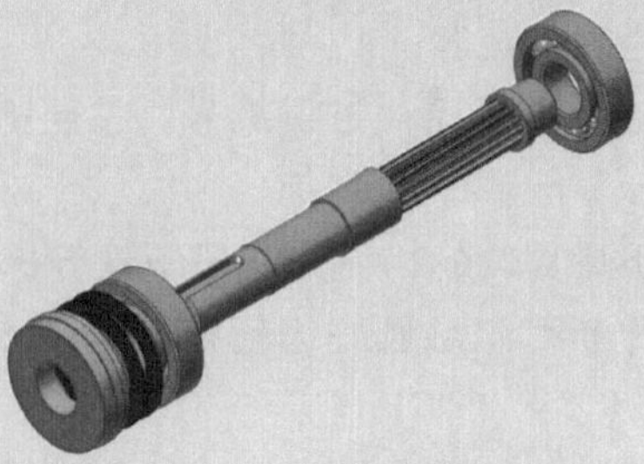	用液压拉马将滚动轴承拉出。拉出轴承时，要使液压拉马的丝杠与轴的中心保持一致
11	拆卸中间轴组件		用液压拉马将滚动轴承和轴上齿轮拉出。拉出轴承和齿轮时，要使液压拉马的丝杠与轴的中心保持一致
12	拆卸输出轴组件		用液压拉马将滚动轴承和轴上齿轮拉出。拉出轴承和齿轮时，要使液压拉马的丝杠与轴的中心保持一致
13	清理	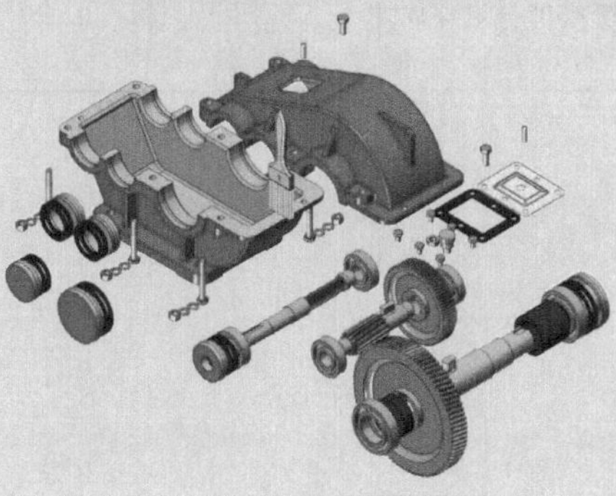	使用毛刷将各零件清理干净

（续）

序号	拆卸步骤	拆卸图示	拆卸要点
14	完成拆卸	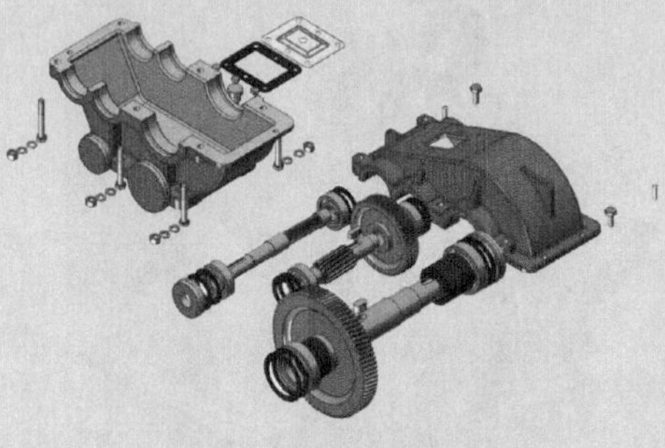	清点零件并摆放整齐

> **操作提示：**
> 1. 按照预定顺序拆卸二级圆柱齿轮减速器。
> 2. 对拆卸下来的零件（如小构件和小螺栓）进行编号，按照拆卸顺序依次放入保管盒里，以免丢失。
> 3. 对于一些经过校准且拆开后不易复位的构件，一般不进行拆卸。
> 4. 要遵循可"恢复原样"的原则拆卸二级圆柱齿轮减速器。

【任务评价】

完成任务后填写表 2-3 所列拆卸二级圆柱齿轮减速器的评价内容。

表 2-3 拆卸二级圆柱齿轮减速器的评价内容

类型	项目与要求	配分	测评方式			备注
			自评得分	小组评价	教师评价	
过程评价	正确说出各部分名称	15				
	合理选择拆卸工具	15				
	正确使用拆卸工具	15				
	正确标记各零件	15				
	操作熟练姿势正确	15				
	清理各零件	10				
职业素养评价	着装规范	5				
	安全文明生产	5				
	能按照 7S 管理要求规范操作	5				
	合计	100				
综合评价	综合评价成绩 = 自评成绩×30% + 组评成绩×30% + 师评成绩×40%					
心得						

任务二　装配二级圆柱齿轮减速器

【任务导入】

正确装配二级圆柱齿轮减速器是保证各零件传动关系的关键，掌握二级圆柱齿轮减速器的正确装配和保养维护，会为后续在使用二级圆柱齿轮减速器时起到保证运转精度和延长使用寿命的作用。

【任务分析】

在装配二级圆柱齿轮减速器时，首先研究产品装配图、工艺文件及技术资料，了解产品的结构，熟悉各零部件的作用、相互关系和连接方法。其次确定装配方法，准备所需要的工具，并按"先内部、后外部"的合理顺序进行装配。装配轴套和滚动轴承时，应注意方向，合理拆装滚动轴承；参照减速器产品说明书所列有关标准检测齿侧间隙，检查或调整轴向间隙，检查合格后再合上箱盖，注意退回起盖螺栓，并在装配上下盖之间的螺栓前应先安装好定位销。最后拧紧各螺栓。

【任务实施】

一、装配二级圆柱齿轮减速器的工具、量具

1）实训设备：二级圆柱齿轮减速器若干台。
2）二级圆柱齿轮减速器装配图。
3）装配二级圆柱齿轮减速器的工具、量具见表2-4。

表2-4　装配二级圆柱齿轮减速器的工具、量具

名称	图示	规格
铜棒		$\phi 20mm \times 150mm$
内六角扳手		1.5~10mm
锤子		0.5kg

（续）

名称	图示	规格
塞尺		0.05~1mm
活扳手	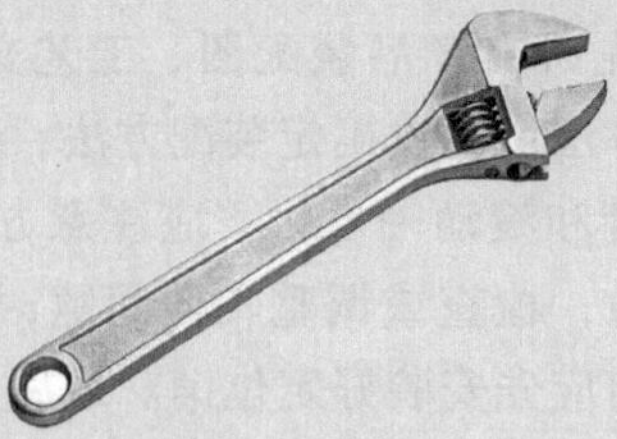	200mm×24mm（8in）
三叉套筒扳手	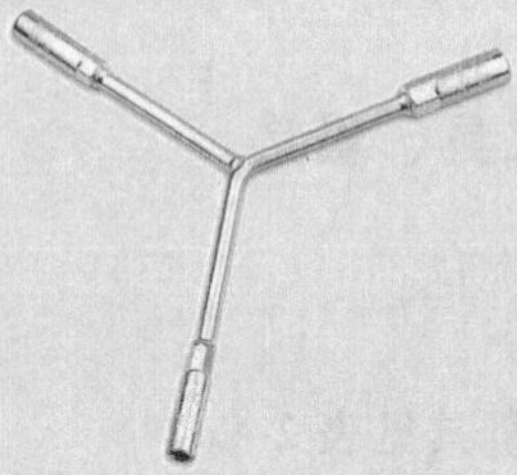	8mm-10mm-12mm
轴承安装套筒	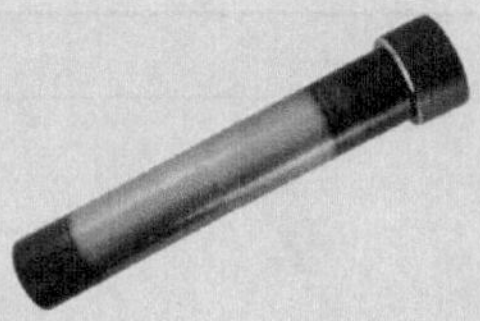	适用于6209、6305轴承

> **技术要求：**
> 1. 装配前应将机座与其他铸件的非加工表面清理干净，除去毛边毛刺，并浸涂防锈油。
> 2. 在装配前用煤油清洗零件，轴承用汽油清洗干净，晾干后表面应涂油。
> 3. 装配齿轮后应用涂色法检查接触斑点，圆柱齿轮沿齿高不小于40%，沿齿宽不小于50%。
> 4. 零件和组件必须按装配图要求安装在规定的位置，各轴线之间应该有正确的相对位置。
> 5. 固定联接件（螺钉、螺母等）必须保证零件或组件牢固地连接在一起。
> 6. 调整、固定齿轮时应留有0.2~0.5mm的轴向间隙。
> 7. 减速器剖分面、各接触面及密封处均不许漏油，机座剖分面应涂以密封胶或水玻璃，不允许使用任何填充物。

> **操作提示：**
> 1. 装配顺序应与拆卸顺序相反。
> 2. 在装配中不要轻易用锤子敲打零部件，以免损坏构件或影响装配精度。
> 3. 在装配时，要注意装配顺序，包括构件的正反方向，做到一次装成。

二、装配二级圆柱齿轮减速器的步骤

按照表 2-5 所列装配步骤装配二级圆柱齿轮减速器。

表 2-5　装配二级圆柱齿轮减速器的步骤

序号	装配步骤	装配图示	装配要点
1	准备工作	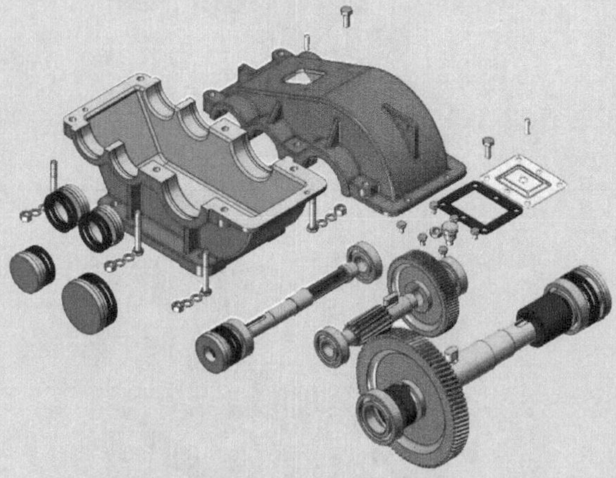	清点各零件是否齐全、完好，准备好所需工具、量具
2	安装放油螺栓	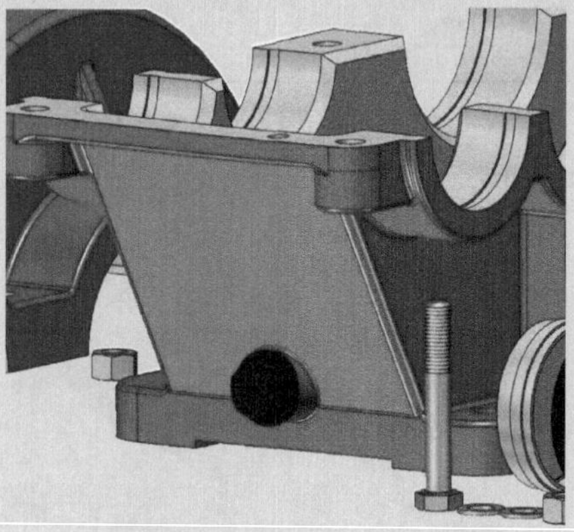	用活扳手将放油螺栓装上
3	安装输出轴组件		依次装入输出轴组件上各零件（注意键槽位置，滚动轴承标有代号的端面应装在可见方向，以便更换时核对）
4	安装中间轴组件		依次装入中间轴组件上各零件（注意键槽位置，滚动轴承标有代号的端面应装在可见方向，以便更换时核对）

（续）

序号	装配步骤	装配图示	装配要点
5	安装输入轴组件	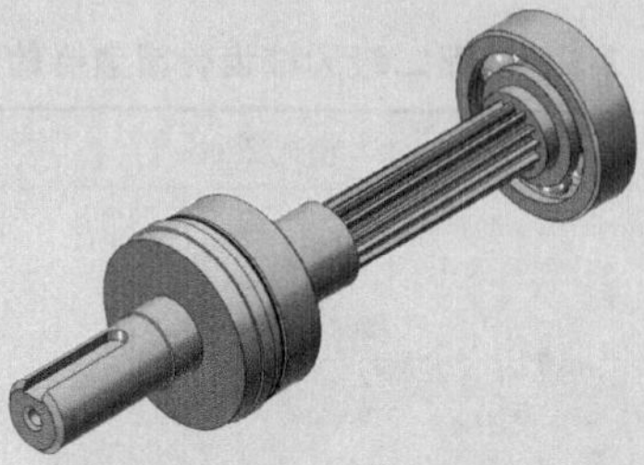	依次装入输入轴组件上各零件（注意键槽位置，滚动轴承标有代号的端面应装在可见方向，以便更换时核对）
6	将输出轴组件装入机座内		检查机座内有无零件及其他杂物，擦净机座内部再安装
7	将中间轴组件装入机座内		检查机座内有无零件及其他杂物，擦净机座内部再安装
8	将输入轴组件装入机座内	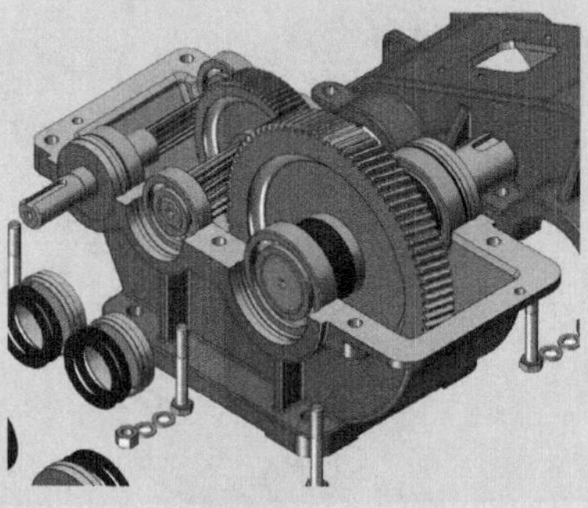	检查机座内有无零件及其他杂物，擦净机座内部再安装
9	安装输入轴、中间轴、输出轴轴承端盖	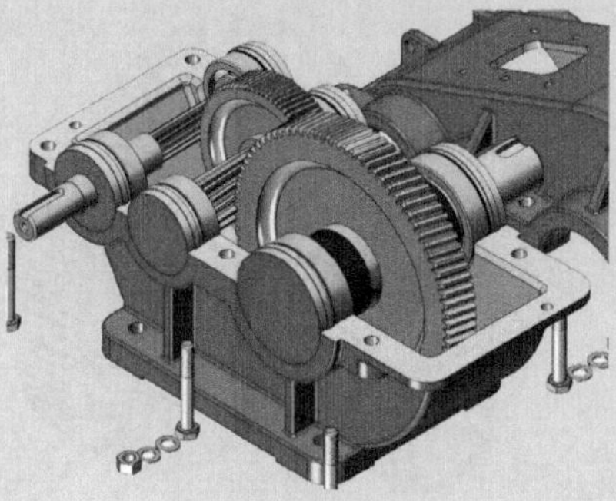	安装轴承端盖时应注意轴承密封和游动间隙

（续）

序号	装配步骤	装配图示	装配要点
10	安装机盖	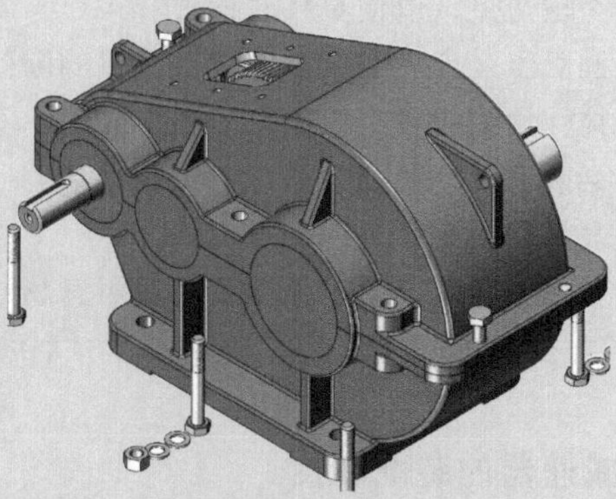	在减速器机盖密封面上均匀涂抹一层密封剂,以确保机盖与机座的密封性能;装入定位销
11	安装联接螺栓	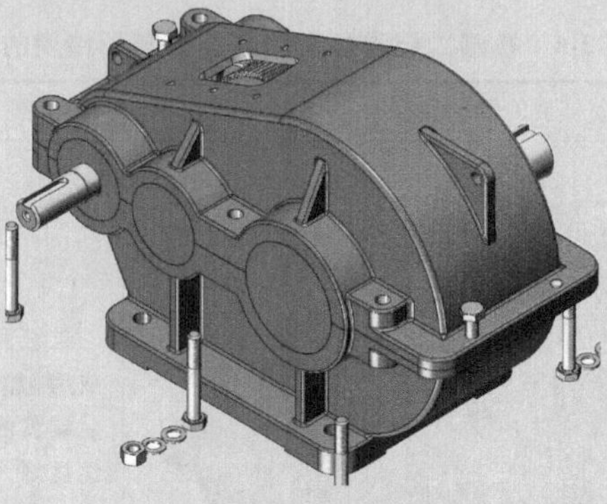	用扳手依次锁紧固定螺栓
12	安装窥视板	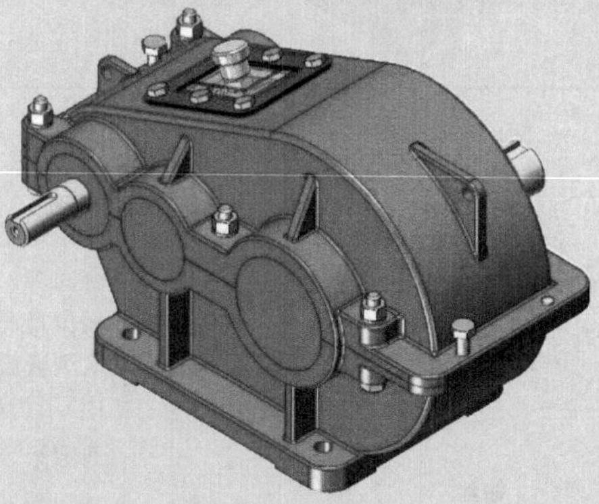	用活扳手将窥视板上的固定螺栓锁紧
13	完成装配	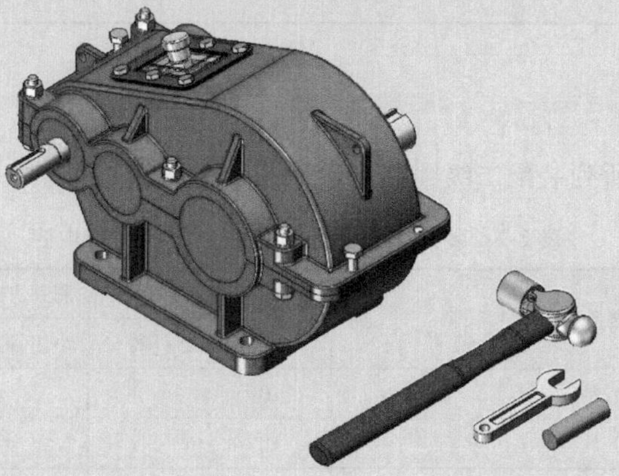	清点工具、量具并归位

> 技术要求：
> 1. 滚动轴承标有代号的端面应可见，以便更换时核对。
> 2. 轴颈或壳体孔台阶处的圆弧半径应小于轴承上相对位置的圆弧半径。
> 3. 将轴承装配在轴上和壳体孔后，应没有歪斜现象。
> 4. 在同轴的两个轴承中，必须有一个随轴热胀时产生轴移动。
> 5. 装配滚动轴承时，必须严格防止污物进入轴承内。
> 6. 装配后的轴承，须运转灵活、噪声小，工作温度一般不宜超过 65℃。

三、检测二级圆柱齿轮减速器的装配精度

装配完成后按照表 2-6 所列内容对二级圆柱齿轮减速器的精度进行检测。

表 2-6　检测二级圆柱齿轮减速器装配精度的步骤

序号	检测步骤	检测图示	检测要点	实测记录
1	检测密封性	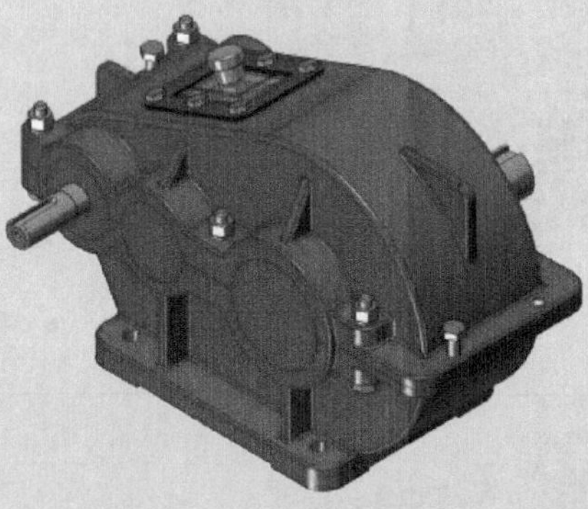	二级圆柱齿轮减速器装配完成后，加入润滑油，观察减速器后端盖的密封性能，确保其密封性良好，没有任何泄漏问题	
2	检测齿轮的啮合间隙	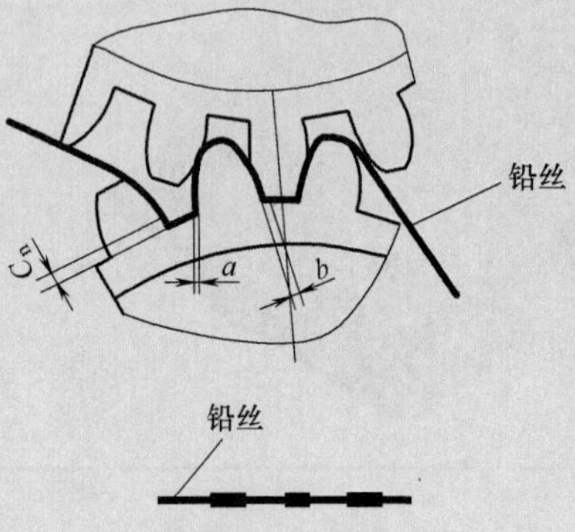	用压铅丝检验法测量齿轮啮合间隙。必须在齿轮的四个不同位置测量齿侧间隙，因此在每次测量后须将齿轮旋转 90°（图中 C_n 为齿顶间隙，a 与 b 为齿侧间隙）	

【任务评价】

任务完成后填写表 2-7 所列装配二级圆柱齿轮减速器的评价内容。

表 2-7　装配二级圆柱齿轮减速器的评价内容

类型	项目与要求	配分	测评方式			备注
			自评得分	小组评价	教师评价	
过程评价	合理选择装配工具	10				
	正确使用装配工具	10				
	装配工艺合理	15				

(续)

类型	项目与要求	配分	测评方式			备注
			自评得分	小组评价	教师评价	
过程评价	合理选择检测量具	15				
	正确使用检测量具	15				
	操作熟练	10				
	装配功能检测结果	10				
职业素养评价	着装规范	5				
	安全文明生产	5				
	能按照 7S 管理要求规范操作	5				
	合计	100				
综合评价	综合评价成绩 = 自评成绩×30% + 组评成绩×30% + 师评成绩×40%					
心得						

【知识储备】

一、轴承

轴承与轴就像一对孪生兄弟，形影不离地出现在机器中。有了轴承的支承，轴和轴上的零件才能正常工作。轴承是当代机械设备中的一种重要零部件，它的主要功能是支承机械旋转体，降低其运动过程中的摩擦系数，并保证其回转精度。

根据轴承工作的摩擦性质，可将轴承分为滚动轴承和滑动轴承两类。

1. 滚动轴承的特点

滚动轴承是利用滚动体在轴颈与支承座圈之间滚动的原理制成的，其特点如下。

（1）优点

1) 在一般使用条件下，摩擦系数低，运转时摩擦力矩小，起动灵敏，效率高。
2) 可用预紧的方法提高支承刚度及旋转精度。
3) 对于同尺寸的轴颈，滚动轴承的宽度小，可使机器的轴向尺寸紧凑。
4) 润滑方法简便，轴承损坏易于更换。

（2）缺点

1) 承受冲击载荷的能力较差。
2) 高速运转时噪声大。
3) 比滑动轴承的径向尺寸大。
4) 与滑动轴承比，使用寿命较短。

2. 滚动轴承的基本结构

滚动轴承的基本结构如图 2-4 所示。

1) 内圈：装在轴颈上，与轴一起转动。
2) 外圈：装在机座的轴承孔内，固定不动。
3) 滚动体：在内、外圈的滚道内滚动（基本类型如图 2-5 所示）。

图 2-4 滚动轴承的基本结构

4）保持架：均匀地隔开滚动体（常见结构型式如图2-6所示）。

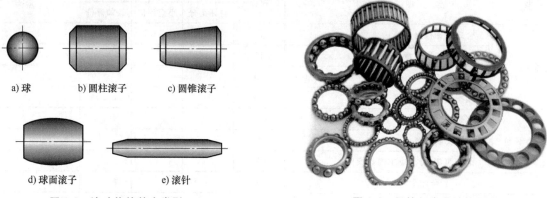

图2-5 滚动体的基本类型
a) 球　b) 圆柱滚子　c) 圆锥滚子　d) 球面滚子　e) 滚针

图2-6 保持架常见结构型式

3. 滚动轴承的代号

国家标准 GB/T 272—2017《滚动轴承 代号方法》规定了滚动轴承代号的构成，具体内容见表2-8。

表2-8 滚动轴承代号的构成

轴承代号					
前置代号	基本代号				后置代号
	轴承系列			内径代号	
	类型代号	尺寸系列代号			
		宽度（或高度）系列代号	直径系列代号		

（1）类型代号　滚动轴承的类型代号见表2-9。

表2-9 滚动轴承的类型代号

代号	轴承类型	代号	轴承类型
0	双列角接触球轴承	7	角接触球轴承
1	调心球轴承	8	推力圆柱滚子轴承
2	调心滚子轴承和推力调心滚子轴承	N	圆柱滚子轴承双列或多列用字母NN表示
3	圆锥滚子轴承	U	外球面球轴承
4	双列深沟球轴承	QJ	四点接触球轴承
5	推力球轴承	C	长弧面滚子轴承（圆环轴承）
6	深沟球轴承		

注：在代号后或前加字母或数字表示该类轴承中的不同结构。

（2）尺寸系列代号　轴承的尺寸系列代号由轴承的宽（高）度系列代号和直径系列代号组合而成，由两位数字表示。具体代号见表2-10。

（3）内径代号　内径代号表示轴承公称内径的大小，其表示方法见表2-11。

（4）前置、后置代号　前置、后置代号是轴承代号的补充，只有在轴承的结构形状、尺寸、公差、技术要求等有改变时才使用，一般情况下可部分或全部省略，其详细内容可查阅《机械设计手册》中相关的标准规定。

表 2-10 滚动轴承的尺寸系列代号

直径系列代号	向心轴承								推力轴承			
	宽度系列代号								高度系列代号			
	8	0	1	2	3	4	5	6	7	9	1	2
	尺寸系列代号											
7	—	—	17	—	37	—	—	—	—	—	—	—
8	—	08	18	28	38	48	58	68	—	—	—	—
9	—	09	19	29	39	49	59	69	—	—	—	—
0	—	00	10	20	30	40	50	60	70	90	10	—
1	—	01	11	21	31	41	51	61	71	91	11	—
2	82	02	12	22	32	42	52	62	72	92	12	22
3	83	03	13	23	33	—	—	—	73	93	13	23
4	—	04	—	24	—	—	—	—	74	94	14	24
5	—	—	—	—	—	—	—	—	—	95	—	—

表 2-11 滚动轴承的内径代号

轴承公称内径/mm	内径代号		示例
0.6~10(非整数)	用公称内径毫米数直接表示,与尺寸系列代号之间用"/"分开		深沟球轴承 617/0.6 $d=0.6$mm 深沟球轴承 618/2.5 $d=2.5$mm
1~9(整数)	用公称内径毫米数直接表示,对深沟及角接触球轴承直径系列 7、8、9,内径与尺寸系列代号之间用"/"分开		深沟球轴承 625 $d=5$mm 深沟球轴承 618/5 $d=5$mm 角接触球轴承 707 $d=7$mm 角接触球轴承 719/7 $d=7$mm
10~17	10	00	深沟球轴承 6200 $d=10$mm
	12	01	调心球轴承 1201 $d=12$mm
	15	02	圆柱滚子轴承 NU 202 $d=15$mm
	17	03	推力球轴承 51103 $d=17$mm
20~480(22,28,32 除外)	公称内径除以 5 的商数,商数为个位数,需在商数左边加"0",如 08		调心滚子轴承 22308 $d=40$mm 圆柱滚子轴承 NU 1096 $d=480$mm
≥500 以及 22,28,32	用公称内径毫米数直接表示,但与尺寸系列之间用"/"分开		调心滚子轴承 230/500 $d=500$mm 深沟球轴承 62/22 $d=22$mm

（5）滚动轴承的公差等级 滚动轴承的公差等级分为普通级、6 级、6X 级、5 级、4 级、2 级，以及 SP（尺寸精度相当于 5 级，旋转精度相当于 4 级）和 UP（尺寸精度相当于 4 级，旋转精度高于 4 级），其代号为/PN、/P6、/P6X、/P5、/P4、/P2、/SP、/UP，依次由低级到高级，其中普通级在轴承代号中省略不标。

（6）滚动轴承基本代号举例

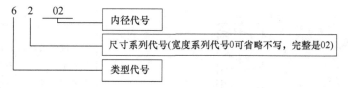

4. 常用的滚动轴承

常用的滚动轴承见表 2-12。

表 2-12 常用滚动轴承

轴承名称	结构图	简图及承载方向	类型代号	基本特性
调心球轴承			1	主要承受径向载荷,也可承受少量的双向轴向载荷,一般不能承受纯轴向载荷,能够自动调心,特别适用于那些可能产生相当大的轴挠曲或不对中的轴承应用场合
调心滚子轴承			2	与调心球轴承的特性基本相同,除承受径向载荷,还可承受双向轴向载荷及联合载荷,承载能力较大,同时具有较好的抗振性和抗冲击能力
圆锥滚子轴承			3	能同时承受较大的径向载荷和轴向载荷。内、外圈可分离,通常成对使用,对称布置安装
双列深沟球轴承			4	主要承受径向载荷,也能承受一定的双向轴向载荷。它比深沟球轴承的承载能力大
推力球轴承			5	只能承受单向轴向载荷,适用于轴向载荷大而转速不高的场合
深沟球轴承			6	主要承受径向载荷,也可同时承受少量双向轴向载荷。摩擦阻力小,极限转速高,结构简单,价格便宜,应用最为广泛
角接触球轴承			7	能同时承受径向载荷与轴向载荷,公称接触角 α 有 15°、25°、40° 三种,接触角越大,承受轴向载荷的能力越大。适用于转速较高,同时承受径向载荷和轴向载荷的场合

（续）

轴承名称	结构图	简图及承载方向	类型代号	基本特性
推力圆柱滚子轴承			8	能承受很大的单向轴向载荷，承受能力比推力球轴承大得多，不允许有角度偏差
圆柱滚子轴承			N	外圈无挡边，只能承受纯径向载荷。与球轴承相比，其承受载荷的能力较大，尤其是承受冲击载荷，但极限转速较低

二、直齿圆柱齿轮

直齿圆柱齿轮传动主要有外啮合直齿圆柱齿轮传动和内啮合直齿圆柱齿轮传动。

1. 渐开线标准直齿圆柱齿轮的各部分名称、基本参数及几何尺寸计算

1）渐开线标准直齿圆柱齿轮的各部分名称如图 2-7 所示。

2）渐开线标准直齿圆柱齿轮各部分名称的定义、代号及说明见表 2-13。

3）渐开线标准直齿圆柱齿轮的基本参数。

渐开线标准直齿圆柱齿轮的基本参数见表 2-14。

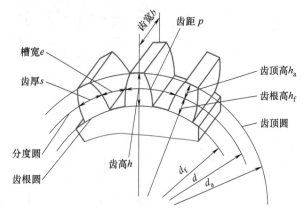

图 2-7 渐开线标准直齿圆柱齿轮的各部分名称

表 2-13 渐开线标准直齿圆柱齿轮各部分名称的定义、代号及说明

名称	定义	代号及说明
齿顶圆	通过轮齿顶部的圆周	齿顶圆直径以 d_a 表示
齿根圆	通过轮齿根部的圆周	齿根圆直径以 d_f 表示
分度圆	齿轮上具有标准模数和标准压力角的圆	对于标准齿轮，分度圆上的齿厚与齿槽宽度相等。分度圆上的尺寸和符号不加脚注
齿厚	在端平面（垂直于齿轮轴线的平面）上，一个齿的两侧齿廓之间的分度圆弧长	齿厚以 s 表示
槽宽	在端平面上，一个齿槽的两侧齿廓之间的分度圆弧长	槽宽以 e 表示
齿距	两个相邻且同侧的齿廓之间的分度圆弧长	齿距以 p 表示
齿顶高	齿顶圆与分度圆之间的径向距离	齿顶高以 h_a 表示
齿根高	齿根圆与分度圆之间的径向距离	齿根高以 h_f 表示
齿高	齿顶圆与齿根圆之间的径向距离	齿高以 h 表示

表 2-14 渐开线标准直齿圆柱齿轮的基本参数

基本参数	代号	图示	相关说明
压力角	α	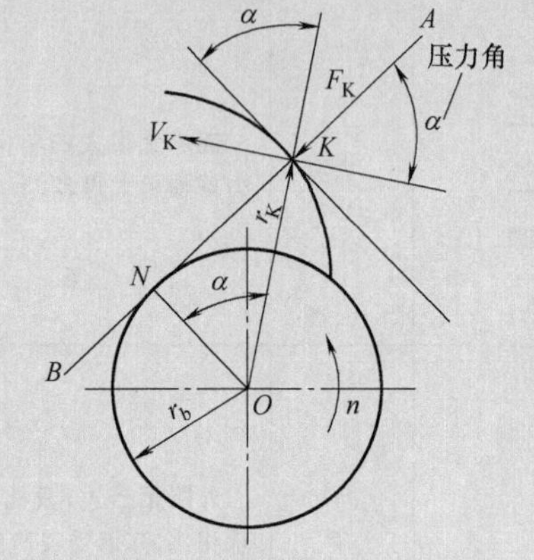	1. 过端面齿廓上任意一点的径向线与齿廓在该点的切线所夹的锐角称为该点的压力角 2. 渐开线齿廓上各点的压力角不相等,基圆越远的点,压力角越大,基圆上的压力角为0° 3. 在齿轮传动中,齿廓曲线和分度圆周交点处的速度方向与曲线在该点处和法线方向之间所夹的锐角称为分度圆压力角。标准齿轮的压力角 $\alpha = 20°$
齿数	z		一个齿轮的轮齿总数
模数	m	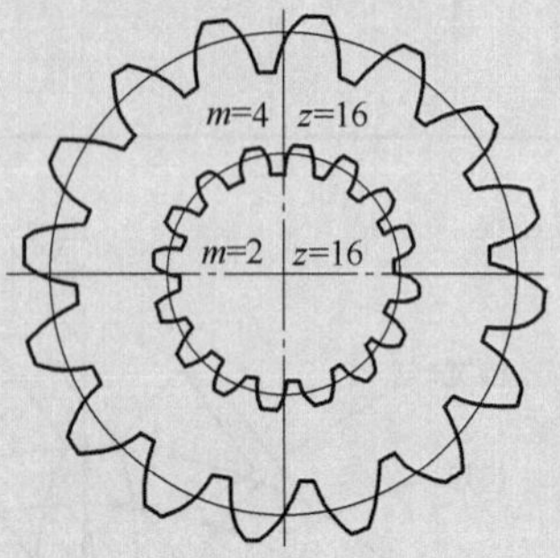	1. 齿距 p 除以圆周率 π 所得的商称为模数 2. 单位为 mm,已标准化 3. 齿数相同的齿轮,模数越大,齿轮尺寸越大,轮齿越大,承载能力越大
齿顶高系数	h_a^*		为使齿轮的齿形匀称,齿顶高与齿根高与模数成正比,国家标准规定标准齿轮的 $h_a = h_a^* m$,正常齿 $h_a^* = 1$
顶隙系数	c^*	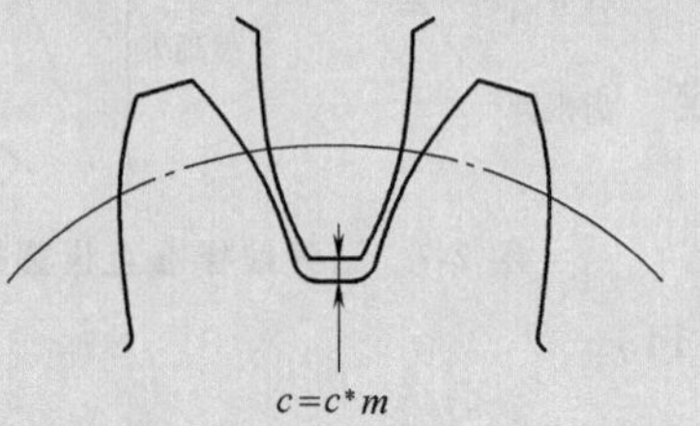	为防止一对齿轮啮合时,一个齿轮的齿顶与另一齿轮的齿槽底接触,一对齿轮啮合时应留有一定的径向间隙——顶隙。国家标准规定标准齿轮的顶隙为 $c = c^* m$,正常齿 $c^* = 0.25$

标准齿轮是指具有标准模数和标准压力角,分度圆上的齿厚和槽宽相等,具有标准的齿顶高和齿根高的齿轮。

4) 外啮合标准直齿圆柱齿轮的几何尺寸计算。

标准直齿圆柱齿轮的压力角 $\alpha = 20°$。正常齿制齿轮的齿顶高系数 $h_a^* = 1$,顶隙系数 $c^* = 0.25$;短齿制的齿轮齿顶高系数 $h_a^* = 0.8$,顶隙系数 $c^* = 0.30$。

外啮合标准直齿圆柱齿轮的几何尺寸计算公式见表 2-15。

表 2-15 外啮合标准直齿圆柱齿轮的几何尺寸计算公式

名称	计算公式	名称	计算公式
分度圆直径 d	$d = mz$	基圆齿距 p_b	$p_b = \pi m \cos\alpha$
齿顶圆直径 d_a	$d_a = m(z+2)$	齿顶高 h_a	$h_a = hm = m$
齿根圆直径 d_f	$d_f = m(z-2.5)$	齿根高 h_f	$h_f = (h_a^* + c^*)m = 1.25m$
基圆直径 d_b	$d_b = d\cos\alpha$	齿高 h	$h = h_a + h_f = 2.25m$
齿距 p	$p = \pi m$	标准中心距 a	$a = m(z_1 + z_2)/2$
齿厚 s、槽宽 e	$s = e = p/2 = \pi m/2$	传动比 i	$i = n_1/n_2 = z_2/z_1$

5）齿轮的结构。常用圆柱齿轮的结构见表2-16。

表2-16 常用圆柱齿轮的结构

结构	图例	说明
齿轮轴	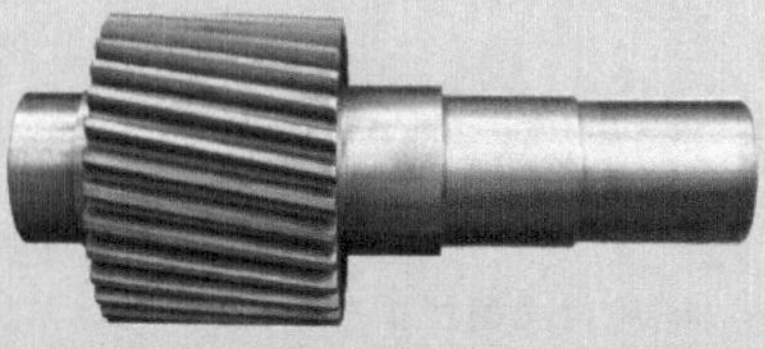	当齿轮的齿根直径与轴径接近时，可以将齿轮与轴做成一体，称为齿轮轴
实体式齿轮		当齿顶圆直径 $d_a \leq 200\mathrm{mm}$ 时，齿轮与轴分别制造，可以采用锻造实体式结构
腹板式结构		当齿顶圆直径 $d_a \leq 500\mathrm{mm}$ 时，为了减轻质量，节约材料，常采用腹板式结构
轮辐式结构		当齿顶圆直径 $d_a > 500\mathrm{mm}$ 时，可采用铸造轮辐结构

2. 渐开线标准直齿圆柱齿轮的正确啮合条件

保证渐开线齿轮传动中各对轮齿依次正确啮合的条件是两齿轮的基圆齿距相等，即 $p_{b1} = p_{b2}$，也即

1）两齿轮的模数必须相等，即 $m_1 = m_2$。

2）两齿轮分度圆上的压力角必须相等，即 $\alpha_1 = \alpha_2$。

3. 齿轮的失效形式与常用材料

1）齿轮的失效形式。齿轮失去正常的工作能力称为失效。齿轮的常见失效形式见表2-17。其中，开式齿轮传动的主要失效形式为齿面磨损和轮齿折断，硬齿面闭式传动的主要失效形式为轮齿折断，软齿面的主要失效形式为齿面点蚀。

表 2-17 齿轮常见的失效形式

失效形式	示意图	产生原因	避免措施
轮齿折断		1. 轮齿受到严重冲击、短期过载而突然折断 2. 轮齿长期工作后经过多次反复的弯曲，引起齿根疲劳折断	1. 选择适当的模数和齿宽 2. 采用合适的材料及热处理方法 3. 齿根圆角不宜过小，并有一定的表面质量要求 4. 使齿根危险横截面处的弯曲应力最大值不超过许用应力值
齿面点蚀		按一定规律变化的表面接触应力，当作用次数超过一定限度时，轮齿表面产生细微的疲劳裂纹并逐渐扩展，使轮齿表面小块金属脱落，形成麻点和凹坑	1. 合理选择齿轮参数 2. 选择合适的材料及齿面硬度 3. 减小表面粗糙度值 4. 选用黏度高的润滑油，并采用适当的添加剂
齿面胶合		高速、重载的齿轮传动，在较大压力作用下，轮齿的两齿面直接接触，产生局部高温，齿面油膜破裂，两接触齿面金属熔焊而粘着，随着齿面的相对滑动，较软轮齿的表面金属被撕裂，形成沟痕	1. 选用特殊的高黏度润滑油或在油中加入抗胶合的添加剂 2. 选用不同的材料，使两轮不易粘连 3. 提高齿面硬度 4. 减小齿面表面粗糙度值 5. 改进冷却条件

（续）

失效形式	示意图	产生原因	避免措施
齿面磨损	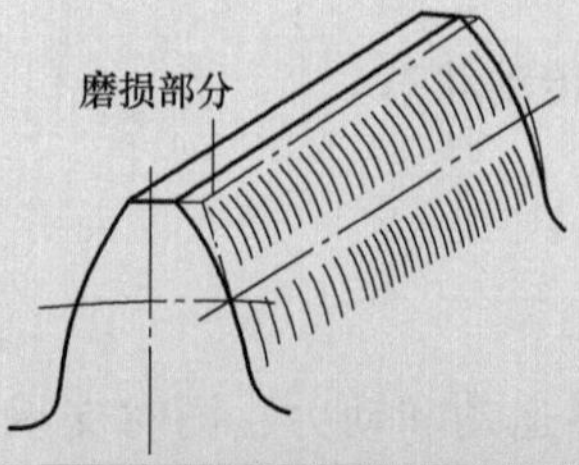 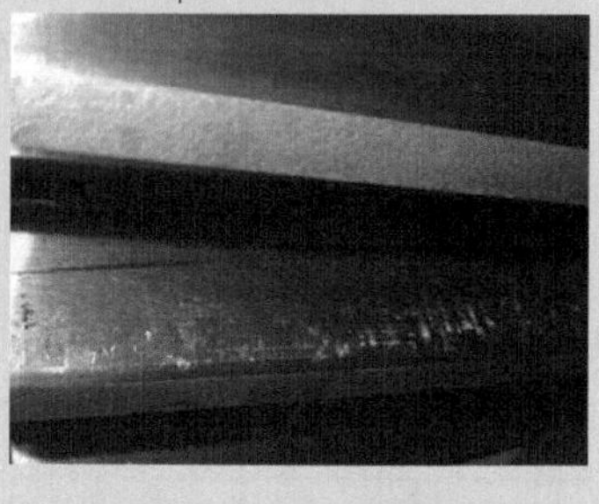	接触齿面间的相对滑动	1. 提高齿面硬度 2. 减小齿面表面粗糙度值 3. 采用合适的材料组合 4. 改善润滑条件和工作条件
齿面塑性变形	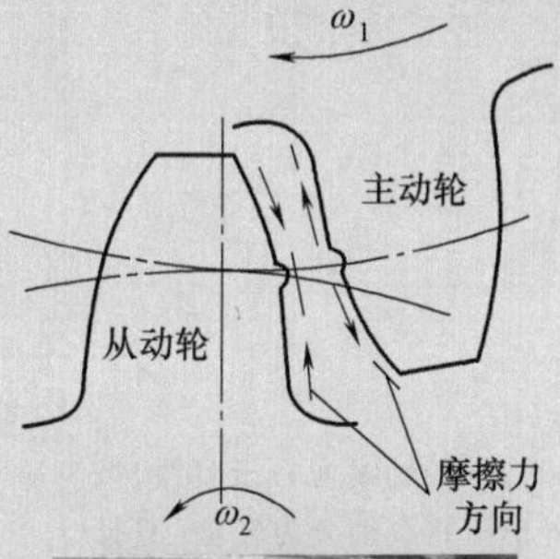 	齿面较软时，在重载作用下，齿面表层金属沿着相对滑动方向发生局部的塑性流动，出现塑性变形	1. 提高齿面硬度 2. 选用黏度大的润滑油 3. 尽量避免频繁起动和过载

2）齿轮的常用材料。常用的齿轮材料为各种牌号的优质碳素结构钢、合金结构钢、铸钢、铸铁和非金属材料等。不同场合齿轮材料的选用见表 2-18。钢制齿轮一般需经过热处理，以改善齿轮的性能。

表 2-18 齿轮材料的选用

应用场合	选用材料
一般场合	锻件或轧制钢材
齿轮结构尺寸较大，轮坯不易锻造时	铸钢
开式低速传动	灰铸铁或球墨铸铁
低速重载	综合力学性能较好的钢材
高速齿轮	齿面硬度高的材料
受冲击载荷	韧性好的材料
高速、轻载而又要求低噪声	非金属材料，如夹布胶木、尼龙

4. 齿轮传动的维护方法

1) 及时清除齿轮啮合工作面的污染物，保持齿轮清洁。
2) 正确选用齿轮的润滑油（脂），按规定及时检查油质，定期换油。
3) 保持齿轮工作在正常的润滑状态。
4) 经常检查齿轮传动的啮合状况，保证齿轮处于正常的传动状态。
5) 禁止超速、超载运行。

三、轴

轴是机械传动中非常重要的零件之一，其主要功能是传递运动和动力，同时支承回转零件（如齿轮、带轮、链轮等）。日常生活和工业生产实践的设备中有很多轴，可以说有转动的部位就有轴。轴一般都要求有足够的强度、合理的结构和良好的加工工艺性。

1. 轴的分类与应用

1) 按轴线形状分类，轴的类型见表2-19。

表2-19 按轴线形状分类的轴

分类		示例图	特点	应用举例
直轴	光轴 实心轴		直轴的轴线为一条直线，按外形可将直轴分为光轴（直径无变化）和阶梯轴（直径有变化），阶梯轴便于轴上零件的拆装和定位；按轴的结构可将直轴分为实心轴和空心轴（如车床的主轴）	微型电动机
	光轴 空心轴			
	阶梯轴 实心轴			机床、汽车、减速器
	阶梯轴 空心轴			
曲轴			可以实现直线运动与旋转运动的转换，常用于往复式运动机械中	内燃机、空气压缩机、曲柄压力机
挠性轴			由几层紧贴在一起的钢丝构成，不受任何空间的限制，可以将扭转或旋转运动灵活地传递到所需要的位置	振捣器、医疗设备、操纵机构、仪表等

2）按轴的承受载荷分类，轴的类型见表2-20。

表2-20 按承受载荷分类的轴

种类	工程实例图示	应用特点
转轴	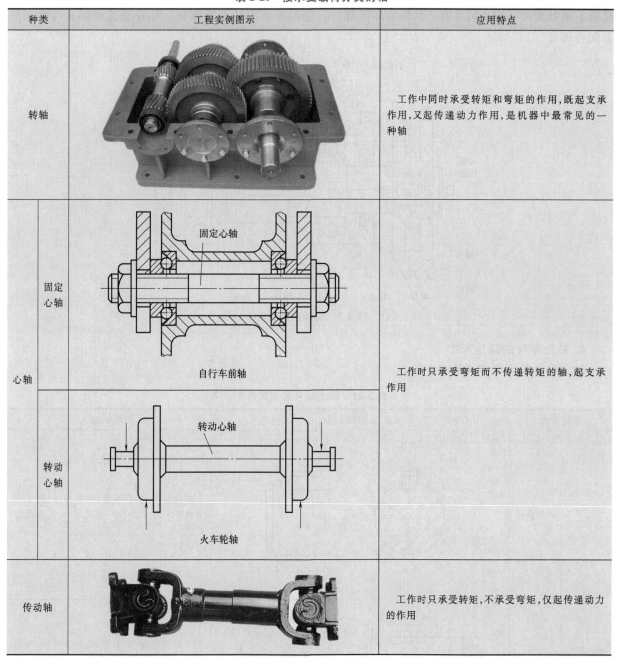	工作中同时承受转矩和弯矩的作用，既起支承作用，又起传递动力作用，是机器中最常见的一种轴
心轴	固定心轴 自行车前轴	工作时只承受弯矩而不传递转矩的轴，起支承作用
	转动心轴 火车轮轴	
传动轴		工作时只承受转矩，不承受弯矩，仅起传递动力的作用

2. 轴的常用材料

轴类零件材料的选取，主要根据轴的强度、刚度、耐磨性以及制造工艺性而决定，力求经济、合理。

常用的轴类零件材料有35、45、50优质碳素结构钢，以45钢应用最为广泛。对于受载荷较小或不太重要的轴，也可用Q235、Q275等普通碳素结构钢。对于受力较大，轴向尺寸、重量受限制或者某些有特殊要求的轴，可采用合金结构钢。例如40Cr合金钢可用于中等精度、转速较高的工作场合，该材料经调质处理后具有较好的综合力学性能。

由于球墨铸铁、高强度铸铁的铸造性能好，且具有减振性能，常在结构复杂的轴中采用。特别是我国研制的稀土镁球墨铸铁，抗冲击韧性好，同时具有减摩、吸振、对应力集中敏感性小等优点，已被应用于制造汽车、拖拉机、机床上的重要轴类零件。

3. 轴的结构

典型转轴的结构如图 2-8 所示，其中轴头是装配回转零件（如齿轮、带轮）的部分；轴肩（环）是轴上横截面尺寸突变的垂直于轴线的环面部分；轴颈是装配轴承的部分；轴身是连接轴头与轴颈的非配合部分。

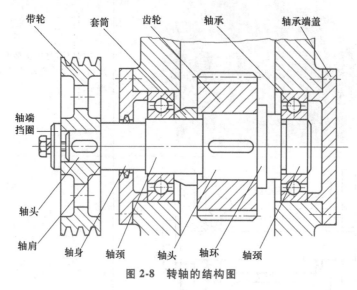

图 2-8 转轴的结构图

4. 轴上零件的固定方式

轴上零件的固定方式见表 2-21。

表 2-21 轴上零件的固定方式

固定方式		示意图	特点与应用
周向固定	平键联结		结构简单，制造容易，装拆方便，用于传递转矩较大、对中性一般的场合，应用最为广泛
	花键联结		承载能力大，对中性好，导向性好，但制造较困难，成本较高，适用于载荷较大、对中性要求较高或零件在轴上移动时要求导向性好的场合
	销联接		不能承受较大的载荷，可兼做轴向定位，常用于安全装置，过载时可被剪断，防止损坏其他零件

(续)

固定方式		示意图	特点与应用
周向固定	过盈配合		结构简单,对中性好,承载能力强,同时有轴向固定和周向固定作用,但装配困难,且对配合尺寸的精度要求较高,常与平键联合使用,以承受大的交变载荷和冲击载荷
轴向固定	轴肩与轴环		结构简单,定位方便、可靠,不需要附加零件,能承受的轴向力大,广泛用于各种轴上零件的定位
	套筒	定位套筒	结构简单,定位可靠,多用于距离较小的轴上零件定位,但由于套筒与轴之间存在间隙,故在轴高速运转情况下不宜使用
	轴端挡圈		定位可靠,能够承受较大的轴向力和一定的冲击载荷,广泛应用于轴端零件的固定
	圆锥面		拆装方便,有消除间隙的作用,定心精度高,能承受冲击载荷,但锥面不易加工,适用于高速、冲击以及对中性要求较高的场合
	圆螺母		定位可靠,可承受较大的轴向力,能实现轴上零件的间隙调整,通常用于轴的中部或端部

(续)

固定方式		示意图	特点与应用
轴向固定	弹性挡圈		结构紧凑、简单，装拆方便，受力较小，常用于固定滚动轴承
	其他		紧定螺钉、弹簧挡圈、锁紧挡圈，多用于轴向力不大的场合

5. 轴的加工工艺性

1）在轴的结构中，应有加工工艺所需的结构要素。例如，对于需磨削的轴段，阶梯处应设有砂轮越程槽，如图 2-9a 所示；对于需切制螺纹的轴段，应设有螺纹退刀槽，如图 2-9b 所示。

2）为了减少刀具品种、节省换刀时间，同一根轴上所有的圆角半径、倒角尺寸、环形槽等应尽可能统一；轴上不同轴段的键槽应布置在轴的同一母线上，以便一次装夹后用铣刀切出，如图 2-9c 所示。

3）为了便于加工定位，必要时轴的两端应设中心孔，如图 2-9d 所示。

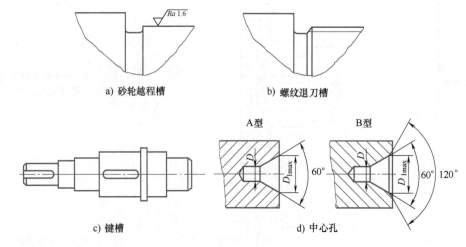

图 2-9 轴的加工工艺结构

6. 轴的装配工艺性

1）零件各部位装配时，不能互相干涉，如图 2-10a 所示。

2）便于导向和避免擦伤零件配合表面，轴端应倒角，如图 2-10b 所示。

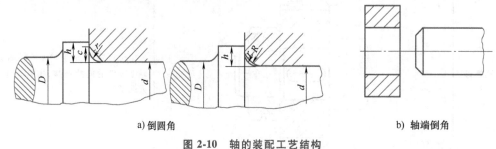

图 2-10 轴的装配工艺结构

7. 轴的强度计算

轴按其承受载荷的不同，强度计算方法也不同。

（1）传动轴的强度计算　传动轴工作时承受转矩，按抗扭强度条件计算强度。轴的抗扭强度取决于轴的材料及其组织状态、轴的形状、横截面尺寸、轴所承受的转矩及其工作状况。

（2）心轴的强度计算　心轴工作时承受弯矩，按抗弯强度条件计算强度。轴的抗弯强度取决于轴的材料及其组织状态、横截面形状和尺寸、轴所承受的弯矩。

（3）转轴的强度计算　转轴工作时，同时承受转矩和弯矩，按弯扭组合强度条件计算强度。对于一定结构的轴，轴的支点位置及轴上所受载荷的大小、方向和作用点均已确定，依据已知条件即可求出轴的支承反力，画出弯矩图、转矩图和合成弯矩图，按弯扭组合强度校核危险横截面的直径。

四、联轴器

联轴器是机械传动中的常用部件，多用来联接两轴，使其共同回转以传递运动和转矩，有时也可作为安全装置。机器工作时，联轴器只能保持两轴的接合状态，不能分离，只有当机器停止运转后才能用拆卸的方法将两轴分开。

常用联轴器的类型、特点和应用见表2-22。

表2-22　常用联轴器的类型、特点和应用

类型			结构示意图	特点	应用
刚性联轴器		套筒联轴器		由一个套和键（销）等组成。结构简单，制造容易，径向尺寸小，转动惯量小	适用于工作平稳、无冲击载荷的低速轻载和尺寸小的轴
		凸缘联轴器		由两个带有凸缘的半联轴器和联接螺栓组成。结构简单，使用、维护方便，对中精度高，传递转矩大，但制造和安装精度要求高，不能补偿两轴线可能出现的相对偏移，也不能消除冲击和振动	适用于速度较低、两轴的对中性好、载荷平稳的场合
挠性联轴器	无弹性元件的挠性联轴器	滑块联轴器		由两个端部开有径向矩形凹槽的套筒和一个两端有凸榫（sǔn）的中间滑块组成。可补偿安装及运转时两轴间的相对偏移，结构简单，径向尺寸小，但不耐冲击，易于磨损	适用于低速、轴的刚度较大、无剧烈冲击、工作平稳的场合

（续）

类型		结构示意图	特点	应用
挠性联轴器	无弹性元件的挠性联轴器	齿轮联轴器（带外齿的轴套、带内齿圈的外壳、联接螺栓）	由两个带外齿轮的轴套、带内齿圈的外壳和联接螺栓组成。通过齿的啮合传递转矩。能较好地补偿综合偏移，承载能力大，能在高速重载下可靠工作，但结构复杂，制造成本高	主要用于重型机械和起重设备中
		十字轴式万向联轴器（叉形接头、十字轴）	由两个叉形接头和一个十字轴组成。结构简单，维护方便，允许两轴间有较大的角偏移，传动转矩较大，但传动中会产生附加动载荷，使传动不平稳，常成对使用	广泛应用于汽车、拖拉机和金属切削机床中
	有弹性元件的挠性联轴器	弹性套柱销联轴器（半联轴器、柱销、橡胶圈）	结构与凸缘联轴器相似，只是用套有弹性套的柱销代替了联接螺栓，工作时通过弹性套传递转矩。结构简单，装拆方便，成本较低，能吸收振动和补偿一定的综合偏移，但使用寿命较短	适用于载荷平稳、需正反转或起动频繁、传递较小转矩的场合
		弹性柱销联轴器（半联轴器、弹性柱销、挡板）	结构与弹性套柱销联轴器相似，只是用非金属材料制成的柱销代替了弹性套柱销，工作时通过柱销传递转矩。结构简单，制造、安装和维修方便，耐久性好，有缓冲吸振和补偿轴线偏移的能力	适用于轴向窜动量大、经常正反转、起动频繁、转速较高的场合

五、减速器的润滑

减速器中齿轮、蜗轮、蜗杆等传动件和轴承在工作时都需要良好的润滑。

1. 润滑方式的选择

除少数低速（$v<0.5\text{m/s}$）小型减速器采用脂润滑，绝大多数减速器的齿轮都采用油润滑。对于齿轮圆周速度 $v\leqslant 12\text{m/s}$ 的齿轮传动可采用浸油润滑，即将齿轮浸入油中，当齿轮回转时粘在其上的油液

被带到啮合区进行润滑，同时油池的油被甩上箱壁，有助散热。为避免浸油润滑的搅油功耗太大及保证轮齿啮合区的充分润滑，传动件浸入油中的深度不宜太深或太浅，一般浸油深度以浸油齿轮的一个齿高为适度，速度高的还可浅些（约为 0.7 倍齿高），但不应少于 10mm；锥齿轮则应将整个齿宽（至少是半个齿宽）浸入油中。对于多级传动，为使各级传动的大齿轮都能浸入油中，低速级大齿轮浸油深度可允许大一些，当其圆周速度 $v=0.8\sim12\mathrm{m/s}$ 时，可达到 1/6 齿轮分度圆半径；当 $v=0.5\sim0.8\mathrm{m/s}$ 时，可达到 1/6~1/3 的分度圆半径。若是为使高速级的大齿轮浸油深度约为一齿高而致使低速级大齿轮的浸油深度超过上述范围时，可采取下列办法：低速级大齿轮浸油深度仍约为一个齿高，可将高速级齿轮采用带油轮蘸油润滑，带油轮常常利用塑料制成，宽度约为其啮合齿轮宽度的 1/3~1/2，浸油深度约为 0.7 个齿高，但不小于 10mm；也可把油池按高低速级隔开以及减速器箱体剖分面与底座倾斜。

蜗杆圆周速度 $v\leqslant10\mathrm{m/s}$ 的蜗杆减速器能够采用浸油润滑。当蜗杆下置时，蜗杆浸油深度为 (0.75~1.0) 齿高，但一般不该超过支承蜗杆的转动轴承的最低滚珠中心，以避免增加功耗。但如果是因满足后者而使蜗杆未能浸入油中（或浸油深度不足）时，则可在蜗杆轴双侧分别离装上溅油轮，使其浸入油中，旋转时将油甩到蜗杆端面上，而后流入啮合区进行润滑。当蜗杆在上时，蜗轮浸入油中，其浸入深度以一个齿高（或超过齿高不多）为宜。

当齿轮圆周速度 $v>12\mathrm{m/s}$ 或蜗杆圆周速度 $v>10\mathrm{m/s}$ 时，则不宜采用浸油润滑，因为粘在齿轮上的油会被离心力甩出而送不到啮合区，而且搅动太过会使油温升高、油起泡和氧化等从而降低润滑性能。此时宜用喷油润滑，即利用油泵（压力约 $0.05\sim0.3\mathrm{MPa}$）借助管子将润滑油从喷嘴直接喷到啮合面上，喷油孔的距离应沿齿轮宽均匀分布。喷油润滑也常常用于速度并不高但工作条件相当繁重的重型减速器中和需要大量润滑油进行冷却的减速器中。由于喷油润滑需要专门的管路、过滤器、冷却及油量调节装置，因此费用较高。对蜗杆减速器，当蜗杆圆周速度 $v=4\sim5\mathrm{m/s}$ 时，建议蜗杆置于下方（下置式）；当 $v>5\mathrm{m/s}$ 时，建议蜗杆置于上方（上置式）。

2. 润滑油黏度的选择

齿轮减速器的润滑油黏度可按高速级齿轮的圆周速度 v 选取：$v\leqslant2.5\mathrm{m/s}$ 可选用中极压齿轮油 N320；$v>2.5\mathrm{m/s}$ 或循环润滑可选用中极压齿轮油 N220。若工作环境温度低于 0℃，使用润滑油须先加热到 0℃ 以上。

蜗杆减速器的润滑油黏度可按滑动速度 v_s 选择：$v_s\leqslant2\mathrm{m/s}$ 可选用 N680 极压油；$v_s>2\mathrm{m/s}$ 可选用 N220 极压油，蜗杆上置的，黏度应增大 30%。

3. 轴承的润滑

减速器中的转动轴承常利用减速器内用于润滑齿轮（或蜗轮）的油来润滑，其常用的润滑方式有以下几种。

（1）飞溅润滑　减速器中只要有一个浸油齿轮的圆周速度 $v=1.5\sim2\mathrm{m/s}$，即可采用飞溅润滑。当 $v>3\mathrm{m/s}$ 时，飞溅的油可形成油雾并能直接溅入轴承室。有时由于圆周速度尚不够大或油的黏度较大，不易形成油雾，现在为使润滑可靠，常在箱座接合面上制出输油沟，让溅到箱盖内壁上的油聚集在油沟内，而后流入轴承室进行润滑，在箱盖内壁与其接合面相接触处制出倒棱，以便于油液流入油沟。在难以设置输油沟聚集油雾进入轴承室时，也可采用引油道润滑或导油槽润滑。

（2）刮板润滑　当浸油齿轮的圆周速度 $v=1.5\sim2\mathrm{m/s}$ 时，油飞溅不起来；下置式蜗杆的圆周速度即便大于 2m/s，但因蜗杆的位置太低且与蜗轮轴线成空间垂直交错，飞溅的油难以进入蜗轮轴轴承室。此时可采用刮板润滑。利用刮油板将油从蜗轮轮缘端面刮下后经输油沟流入蜗轮轴轴承。刮板润滑装置中，刮油板与轮缘之间应维持必然的间隙（约 0.5mm），因此轮缘端面圆跳动和轴的轴向窜动也应加以限制。

（3）浸油润滑　下置式蜗杆的轴承常浸在油中润滑。如前所述，现在油面一般不应高于轴承最下面转动体的中心。减速器中当浸油齿轮的圆周速度太低难以飞溅形成油雾，或难以导入轴承，或难以使轴承浸油润滑时,可采用润滑脂润滑。润滑脂通常在装配时填入轴承室,其装填量一般不超过轴承室空间的 1/3~1/2,以后每一年添加 1~2 次。采用脂润滑时,一般应在轴承室内侧设置封油环或其他内部密封装置,以避免油池中的油进入轴承室稀释润滑脂。脂润滑轴承在低速、工作温度小于 70℃时可选钙基脂,较高温度时选钠基脂或钙钠基脂,dn 值(d 为轴颈直径,mm;n 为工作转速,r/min)高(>40000mm·r/min)或负荷工况复杂时可选用二硫化钼锂基脂,潮湿环境可采用铝基脂或钡基脂而不宜选用遇水分解的钠基脂。若是减速器采用滑动轴承,由于传动用油的黏度太高,旋盖式油杯不能在轴承中使用,而需采用独自的润滑系统,这时应按照滑动轴承的受载情形、滑动速度等工作条件选择适合的润滑方式和油液。

六、减速器的密封

减速器需要密封的部位一般有轴伸出处、轴承室内侧、箱体接合面和轴承盖、检查孔和排油孔接合面等处。

1. 轴伸出处的密封

(1) 毡圈式密封 利用矩形截面的毛毡圈嵌入梯形槽中所产生的对轴的压紧作用,取得避免润滑油漏出和外界杂质、尘土等侵入轴承室的密封效果。用压板压在毛毡圈上,便于调整径向密封力和更换毡圈。毡圈式密封简单、价格低廉,但对轴颈接触面的摩擦较严重,主要用于脂润滑和密封处轴颈圆周速度较低(一般不超过 4~5m/s)的油润滑。

(2) 皮碗式密封 利用断面形状为 J 形的密封圈唇形结构部分的弹性和螺旋弹簧圈的扣紧力,使唇形部分紧贴轴表面而起密封作用。密封圈内装有金属骨架,靠外围与孔的配合实现轴向固定;无骨架式密封,使用时必须轴向固定。密封圈双侧的密封效果不同。若是为了封油,密封唇应对着轴承;若是为了避免外物侵入,则密封唇应背着轴承;若要同时具有防漏和防尘功能,最好利用两个反向安置的密封圈。皮碗式密封工作可靠,密封性能好,便于安装和更换,可用于油润滑和脂润滑,对精车的轴颈,圆周速度 $v \leqslant 10$m/s;对磨光的轴颈 $v \leqslant 15$m/s。

(3) 间隙式密封 间隙式密封装置结构简单、轴颈圆周速度一般并无特定限制,但密封不够可靠,适用于脂润滑、油润滑且工作环境清洁的轴承。

(4) 离心式密封 在轴上安装甩油环和在轴上开出沟槽,利用离心力把欲向外流失的油沿径向甩开而流回。这种结构常和间隙式密封联合,只适用于圆周速度 $v \geqslant 5$m/s 的油润滑。

(5) 迷宫式密封 利用转动元件与固定元件间所组成的曲折、狭小裂纹及裂纹内充满油脂实现迷宫式密封,对油润滑和脂润滑均一样有效,但结构较复杂,适用于高速转动场合。

2. 箱盖与箱座接合面的密封

在箱盖与箱座接合面上涂密封胶密封最为普遍,也有在箱座接合面上同时开回油沟,让渗入接合面间的油通过回油沟及回油道流回箱内油池以增加密封效果的。

3. 其他部位的密封

孔盖板、排油螺塞、油标与箱体的接合面间均需加纸封油垫或皮封油圈密封。螺钉式轴承端盖与箱体之间需加密封垫片,嵌入式轴承端盖与箱体间常常利用 O 形橡胶密封圈密封防漏。

【职业拓展】

机械装配简介

装配是根据规定的技术要求,将零件或部件进行配合和连接,使之成为半成品或成品的过程。机器的装配是机器制造过程中的最后一个环节,它包括装配、调整、检验和试验等工作。装配过程使零件、套件、组件和部件间获得一定的相互位置关系,因此装配过程也是一种工艺过程。即便是全部合格的零件,如果装配不当,往往也不能形成质量合格的产品。简单的产品可由零件直接装配而成。复杂的产品则须先将若干零件装配成部件，称为部件装配，然后将若干部件和另外一些零件装配成完整的产品，称为总装配。产品装配完成后需要进行各种检验和试验，以保证其装配质量和使用性能。有些重要的部件装配完成后还要进行测试。

机械装配技术是随着对产品质量的要求不断提高和生产批量增大而发展起来的。机械制造业发展初期，装配多用锉、磨、修刮、锤击和拧紧螺钉等操作，使零件配合和连接起来。18 世纪末期，产品批量增大，加工质量提高，于是出现了互换性装配。例如 1789 年，美国 E. 惠特尼制造 1 万支具有可以互换零件的滑膛枪，依靠专门工夹具使不熟练的童工也能从事装配工作，工时大为缩短。19 世纪初至中叶，互换性装配逐步推广到时钟（图 2-11）、小型武器、纺织机械和缝纫机等产品。在互换性装配发展的同时，还发展了装配流水作业。20 世纪初出现了较完善的汽车装配线。

为保证机械产品的装配质量，有时要求装配场所具备一定的环境条件，如装配高精度轴承或高精度机床（如坐标镗床、螺纹磨床等）的环境温度必须保持 $20℃±1℃$ 恒温；对于装配精度要求稍低的产品，装配环境温度要求可相应降低，如按季节变化规定为：夏季 $23℃±1℃$，冬季 $17℃±1℃$，既可保证装配精度，又可节约能源。装配环境湿度一般要求为 45%~65%。有些特别精密产品的装配对

图 2-11 机械表芯

空气净化程度有特殊要求，如超精微型轴承的装配，要求每升空气中含大于 $0.5\mu m$ 尘埃的平均数不得多于三个。装配场所的采光应满足装配中识别最小尺寸的需要。还应按照不同情况采取防振、防噪声和电磁屏蔽等特殊措施。对于重型精密机器，要求装配基座有坚固的地基，以防止装配过程中出现变形。装配重型或大型零部件时，为了精确吊装就位，应设置有超慢速的起重设备。

【项目评价】

二级圆柱齿轮减速器拆装训练考核内容见表 2-23。

表 2-23 二级圆柱齿轮减速器拆装训练考核内容

班级：_____ 姓名：_____ 学号：_____

	考核项目	配分	自评得分	小组评价	教师评价	备注
工作态度	信息收集	10				能熟练查阅相关资料，多种途径获取知识
	团队合作	10				团队合作能力强，能与团队成员共同学习
	安全文明操作	10				按照操作规程进行规范操作
任务实施	任务一：拆卸二级圆柱齿轮减速器	20				
	任务二：装配二级圆柱齿轮减速器	20				
知识储备	机械拆卸的基本知识	5				
	机械装配的基本知识	5				
	二级圆柱齿轮减速器拆装工具、量具	5				
	二级圆柱齿轮减速器的工作原理及特点	5				
	二级圆柱齿轮减速器中的零部件	5				
	机械拆装安全和文明生产操作规程	5				

（续）

考核项目		配分	自评得分	小组评价	教师评价	备注
	合计	100				
综合评价	综合评价成绩＝自评成绩×30%＋组评成绩×30%＋师评成绩40%					
心得						

【思考与练习】

1. 简述拆卸二级圆柱齿轮减速器的注意事项。
2. 简述轴承的类型、特点及应用。
3. 简述轴的基本形式及应用特点。

项目三 拆装蜗轮蜗杆提升机

【项目简介】

蜗轮蜗杆提升机是工程机械中常见的传动机构（图3-1），具有传动速比大、运行平稳、噪声小等特点。蜗轮蜗杆的工作过程为电动机驱动蜗杆旋转，蜗杆驱动蜗轮减速旋转，从而带动卷筒旋转。通过拆装蜗轮蜗杆提升机，了解拆装的基本知识，熟悉蜗轮蜗杆提升机中零部件的名称及用途；使用简单的拆装工具规范拆装蜗轮蜗杆提升机，增强对机械零件拆装过程认知。

图3-1 蜗轮蜗杆提升机

【项目分析】

蜗轮蜗杆提升机结构简单，由蜗轮、蜗杆、箱体、轴承、卷筒等零部件组成。通过驱动蜗杆旋转，实现蜗轮带动卷筒旋转，达到提升的作用。本项目首先对蜗轮蜗杆提升机进行规范拆卸，以了解蜗轮蜗杆提升机的结构和主要零部件，熟悉蜗轮蜗杆提升机提升物体的工作原理；其次对蜗轮蜗杆提升机进行装配，以掌握装配蜗轮蜗杆提升机的调试和检测方法。

【项目目标】

1. 知识目标

1）熟悉机械拆装的基本知识。
2）掌握蜗轮蜗杆提升机的结构和工作原理。
3）熟悉螺旋传动和蜗杆传动的相关知识。
4）掌握蜗轮蜗杆提升机的拆装过程、工艺要领、拆装工具和拆装注意事项。

2. 能力目标

1）能正确选用拆装工具。

2）能规范拆装蜗轮蜗杆提升机。
3）能对装配后的蜗轮蜗杆提升机进行检测。

3. 素养目标

1）具备分析和解决问题的能力，能够独立思考和处理蜗轮蜗杆提升机拆装过程中出现的各种技术问题。
2）具备安全意识和责任心，遵守操作规程和相关安全规定，预防和避免危险事故的发生。
3）具备团队协作意识和沟通能力，能够与团队成员紧密配合，认同工作价值，高效完成工作任务。

任务一　拆卸蜗轮蜗杆提升机

【任务导入】

本任务要求规范使用工具、量具对蜗轮蜗杆提升机进行拆卸，熟悉蜗轮蜗杆提升机的结构、工作过程，领会蜗轮蜗杆提升机的工作原理，在拆卸过程中熟悉蜗轮蜗杆提升机的各零件名称及作用，并熟练掌握拆卸蜗轮蜗杆提升机的方法。蜗轮蜗杆提升机示意图如图3-2所示。

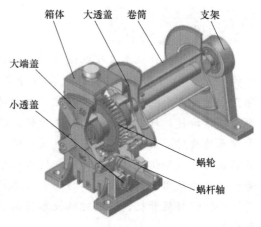

图3-2　蜗轮蜗杆提升机示意图

【任务分析】

拆卸蜗轮蜗杆提升机是其使用与维护中一个重要的环节，为使拆卸工作能够顺利进行，必须做好拆卸前的一系列准备工作。通过分析蜗轮蜗杆提升机结构图（图3-3），了解蜗轮蜗杆提升机主要由蜗轮、蜗杆、箱体、轴承、卷筒等组成。根据各零部件的结构特点、配合性质和相互位置关系，确定拆卸工具和拆卸步骤。

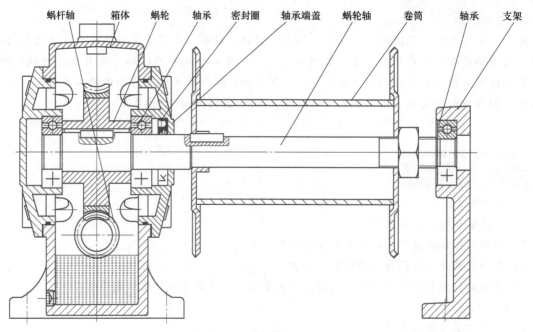

图3-3　蜗轮蜗杆提升机结构图

项目三　拆装蜗轮蜗杆提升机

【任务实施】

一、拆卸蜗轮蜗杆提升机的工具、量具

1）实训设备：蜗轮蜗杆提升机若干台。
2）蜗轮蜗杆提升机装配图。
3）拆卸蜗轮蜗杆提升机的工具、量具见表 3-1。

表 3-1　拆卸蜗轮蜗杆提升机的工具、量具

名称	图示	规格
锤子		0.5kg
内六角扳手		1.5~10mm
铜棒		φ20mm×150mm
毛刷		50mm
钢直尺		0~150mm

(续)

名称	图示	规格
游标卡尺		0~150mm
活扳手		200mm×24mm(8in)
三爪拉马		200mm(8in)

拆卸蜗轮蜗杆提升机

二、拆卸蜗轮蜗杆提升机的步骤

按照表3-2所列步骤拆卸蜗轮蜗杆提升机。

表3-2 拆卸蜗轮蜗杆提升机的步骤

序号	拆卸步骤	拆卸图示	拆卸要点
1	准备工作		将蜗轮蜗杆提升机放在工作台上,准备好所需工具、量具
2	拆卸通气塞		

（续）

序号	拆卸步骤	拆卸图示	拆卸要点
3	拆卸放油螺栓		拆下放油螺栓，在箱体下面放一个接油盘，将箱体内润滑油排空
4	拆卸支架		用三爪拉马将支架拉出，拉出时，要使三爪拉马的丝杠与轴的中心保持一致
5	拆卸轴承		用三爪拉马将滚动轴承取下，拉出轴承时，要使三爪拉马的丝杠与轴的中心保持一致
6	拆卸卷筒		先用扳手将卷筒固定螺母拧下，用三爪拉马将卷筒拉出，拉出卷筒时，要使三爪拉马的丝杠与轴的中心保持一致

（续）

序号	拆卸步骤	拆卸图示	拆卸要点
7	拆卸大端盖和大透盖		使用内六角扳手旋松大端盖和大透盖固定螺钉，取下大端盖和大透盖
8	取出蜗轮轴组件	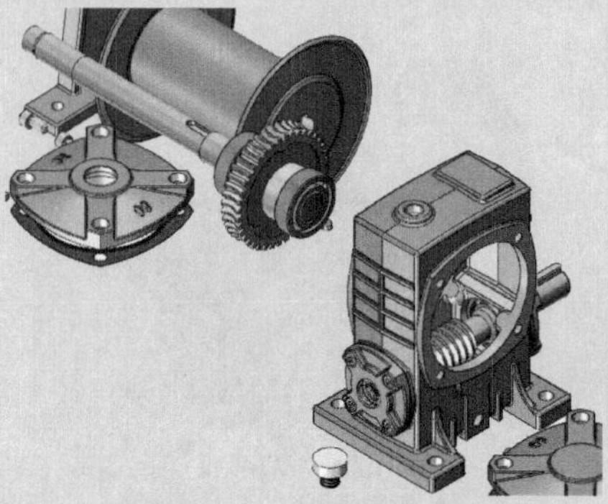	将蜗轮轴组件取出
9	拆卸小端盖和小透盖		使用内六角扳手旋松小端盖和小透盖固定螺钉，取下小端盖和小透盖
10	拆卸蜗杆轴组件	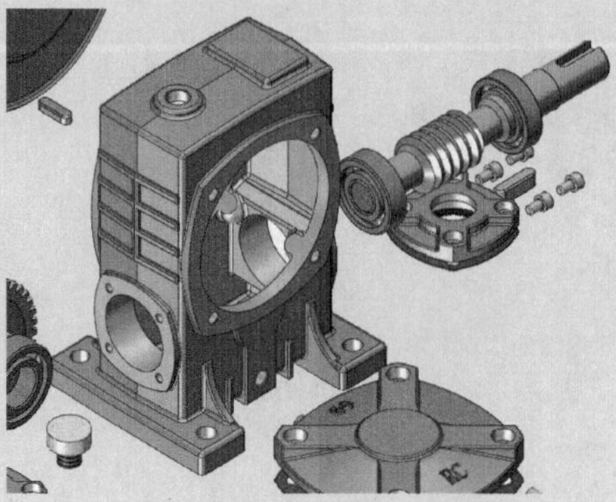	将蜗杆轴组件取出

（续）

序号	拆卸步骤	拆卸图示	拆卸要点
11	拆卸蜗轮轴组件		用三爪拉马将滚动轴承取下，拉出轴承时，要使三爪拉马的丝杠与蜗轮轴的中心保持一致
12	拆卸蜗杆轴组件	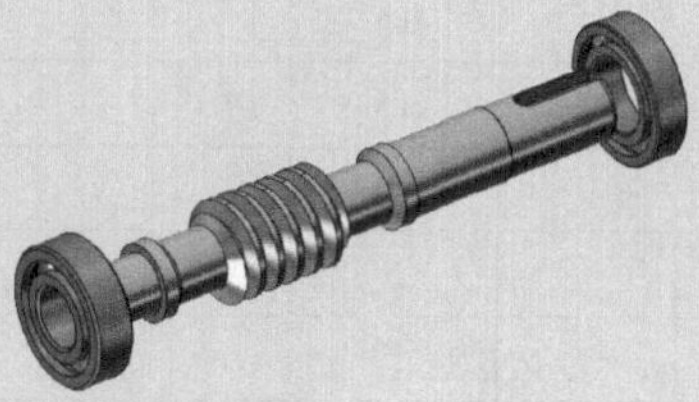	用三爪拉马将滚动轴承取下，拉出轴承时，要使三爪拉马的丝杠与蜗杆轴的中心保持一致
13	清理	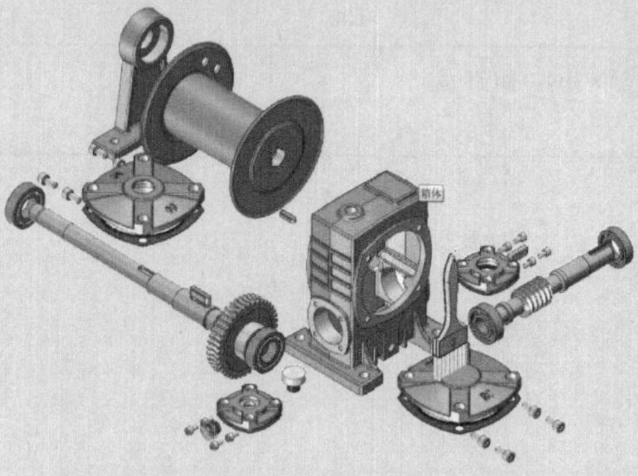	使用毛刷将各零件清理干净
14	完成拆卸		清点零件并摆放整齐

> 操作提示：
>
> 1. 按照预定顺序拆卸蜗轮蜗杆提升机。
> 2. 对拆卸下来的零部件（如小构件和小螺栓）进行编号，按照拆卸顺序依次放入保管盒里，以免丢失。
> 3. 对于一些经过校准且拆开后不易复位的构件，一般不进行拆卸。
> 4. 要遵循可"恢复原样"的原则拆卸蜗轮蜗杆提升机。

【任务评价】

完成任务后填写表 3-3 所列拆卸蜗轮蜗杆提升机的评价内容。

表 3-3 拆卸蜗轮蜗杆提升机的评价内容

类型	项目与要求	配分	测评方式			备注
			自评得分	小组评价	教师评价	
过程评价	正确说出各部分名称	15				
	合理选择拆卸工具	10				
	正确使用拆卸工具	15				
	正确标记各零件	15				
	操作熟练	15				
	清理各零件	15				
职业素养评价	着装规范	5				
	安全文明生产	5				
	能按照 7S 管理要求规范操作	5				
	合计	100				
综合评价	综合评价成绩 = 自评成绩×30% + 组评成绩×30% + 师评成绩×40%					
心得						

任务二 装配蜗轮蜗杆提升机

【任务导入】

装配好蜗轮蜗杆提升机是保证卷筒旋转来实现其提升功能的关键。正确掌握蜗轮蜗杆提升机的装配和维护保养方法，会为后续在生产加工中使用蜗轮蜗杆提升机起到延长使用寿命的作用。

【任务分析】

在开始装配任务之前，需要确认蜗轮蜗杆提升机的组成部件和工作原理，了解装配流程。检查蜗轮蜗杆提升机的各零部件是否齐全且完好无损，准备所需装配工具和材料。按照组装步骤进行操作，组装好蜗轮、蜗杆、轴承、传动轴等部件，逐步组装好蜗轮蜗杆提升机主体结构。完成蜗轮蜗杆提升机的装配后，对其进行调试，检查提升机的运行是否正常。

【任务实施】

一、装配蜗轮蜗杆提升机的工具、量具

1) 实训设备：蜗轮蜗杆提升机若干台。

2）蜗轮蜗杆提升机装配图。

3）装配蜗轮蜗杆提升机的工具、量具见表3-4。

表3-4　装配蜗轮蜗杆提升机的工具、量具

名称	图示	规格
铜棒		$\phi 20mm \times 150mm$
内六角扳手	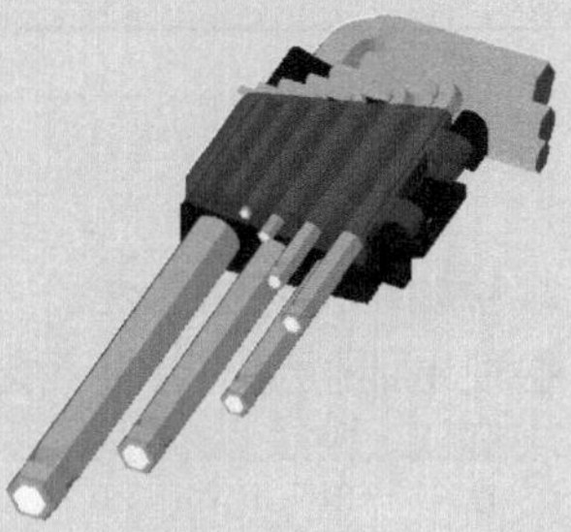	1.5~10mm
锤子	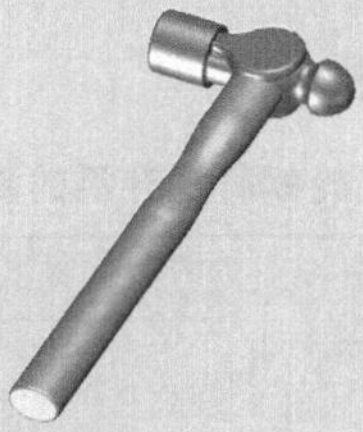	0.5kg
塞尺		0.05~1mm
活扳手	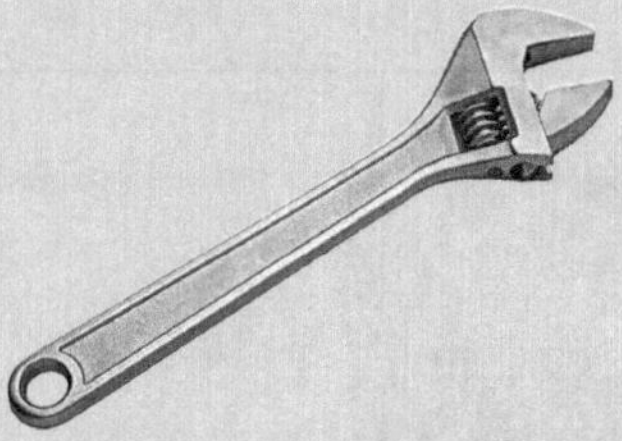	200mm×24mm（8in）
轴承安装套筒	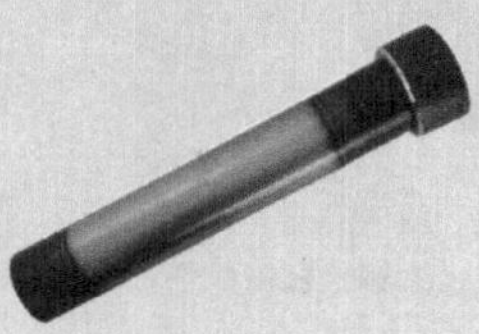	适用于6209、6305轴承

（续）

名称	图示	规格
杠杆指示表（千分表）		0~0.8mm

> 技术要求：
>
> 1. 装配前应将所有零件用煤油清洗，滚动轴承用汽油清洗。
> 2. 零件和组件必须按装配图要求安装在规定的位置，各轴线之间应该有正确的相对位置。

二、装配蜗轮蜗杆提升机的步骤

按照表 3-5 所列装配步骤装配蜗轮蜗杆提升机。

表 3-5　装配蜗轮蜗杆提升机的步骤

序号	装配步骤	装配图示	装配要点
1	准备工作		清点各零件是否齐全、完好，准备好所需工具、量具
2	安装放油螺栓	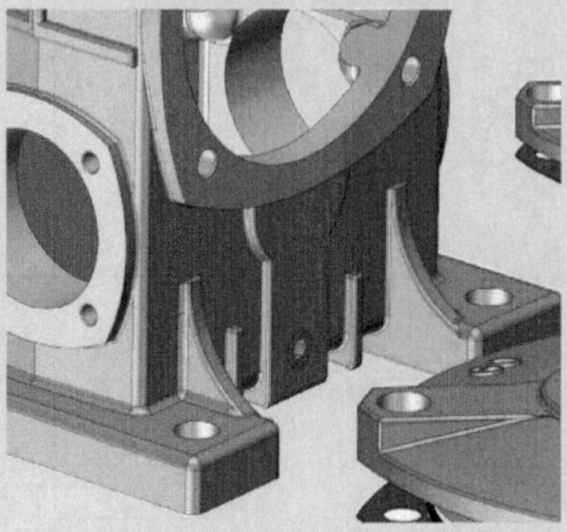	用活扳手拧紧放油螺栓

（续）

序号	装配步骤	装配图示	装配要点
3	安装蜗杆轴组件		将滚动轴承装在蜗杆轴上，安装轴承时用轴承安装套筒抵住轴承，用铜棒敲击
4	安装蜗轮轴组件		将滚动轴承装在蜗轮轴上，安装轴承时用轴承安装套筒抵住轴承，用铜棒敲击
5	将蜗杆轴组件装入箱体	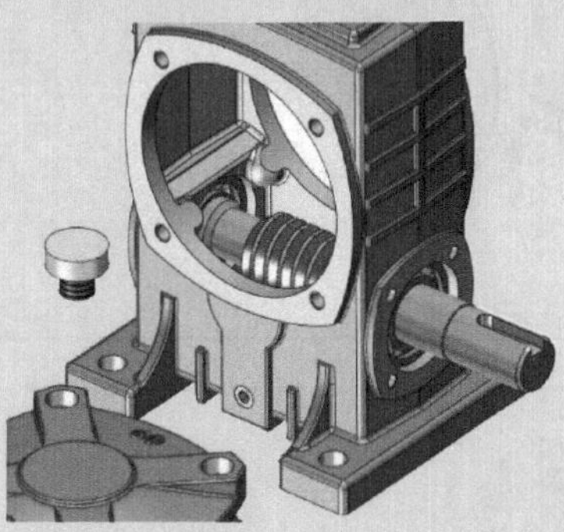	将蜗杆轴组件装入箱体，注意方向
6	将蜗轮轴组件装入箱体		将蜗轮轴组件装入箱体，注意方向
7	安装小透盖和小端盖	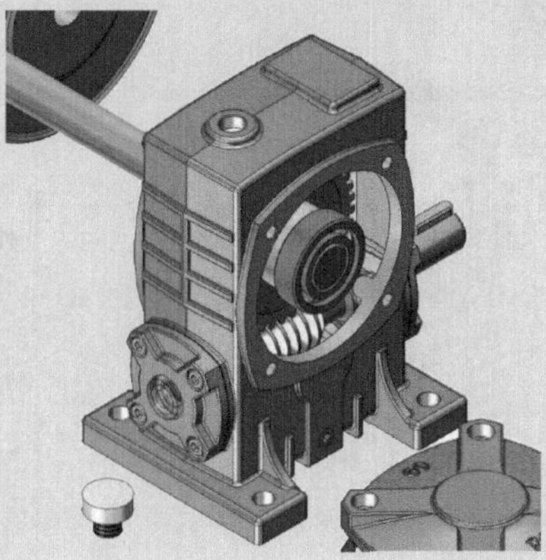	用铜棒轻轻敲击，将小透盖和小端盖装入箱体，用螺钉将小透盖和小端盖联接固定

(续)

序号	装配步骤	装配图示	装配要点
8	安装大透盖和大端盖		用铜棒轻轻敲击,将大透盖和大端盖装入箱体,用螺钉将大透盖和大端盖联接固定
9	安装卷筒		将卷筒装到蜗轮轴上,安装时用铜棒敲击,安装到位后拧紧固定螺母
10	安装轴承		将滚动轴承装到蜗轮轴上,安装轴承时用轴承安装套筒抵住轴承,用铜棒敲击
11	安装支架		将支架装到蜗轮轴上,安装时用铜棒轻轻敲击

(续)

序号	装配步骤	装配图示	装配要点
12	安装通气塞		将通气塞安装到位
13	完成装配		清点工具、量具并归位

三、检测蜗轮蜗杆提升机的功能

装配完成后按照表 3-6 所列内容对蜗轮蜗杆提升机的功能进行检测。

表 3-6　检测蜗轮蜗杆提升机功能的步骤

序号	检测步骤	检测图示	检测要点	实测记录
1	检测蜗轮与蜗杆轴线垂直度		使用蜗轮啮合仪检查蜗轮与蜗杆垂直度是否达标	
2	检测蜗轮与蜗杆啮合侧隙		使用蜗轮啮合仪检查蜗轮与蜗杆啮合侧隙	
3	蜗轮与蜗杆啮合侧隙	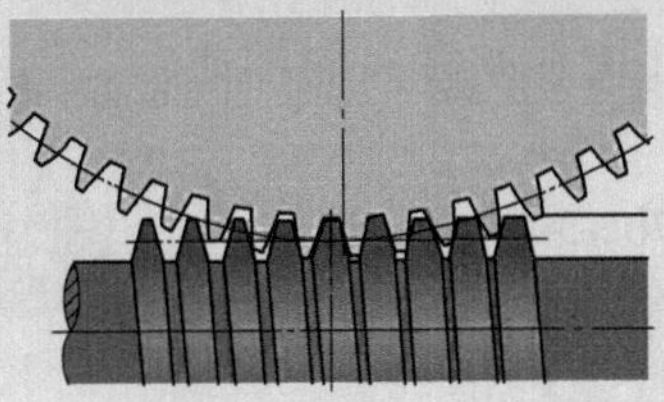	用塞尺塞入啮合侧隙	

【任务评价】

完成任务后填写表 3-7 所列装配蜗轮蜗杆提升机的评价内容。

表 3-7 装配蜗轮蜗杆提升机的评价内容

类型	项目与要求	配分	测评方式			备注
			自评得分	小组评价	教师评价	
过程评价	合理选择装配工具	15				
	正确使用装配工具	15				
	装配工艺合理	15				
	合理选择量具	15				
	正确使用量具	15				
	装配精度检测符合技术要求	10				
职业素养评价	着装规范	5				
	安全文明生产	5				
	能按照 7S 管理要求规范操作	5				
	合计	100				
综合评价	综合评价成绩 = 自评成绩×30% + 组评成绩×30% + 师评成绩×40%					
心得						

【知识储备】

一、蜗杆传动

1. 蜗杆传动的组成

蜗杆传动由蜗杆、蜗轮和机架组成（图 3-4），一般蜗杆为主动件。

2. 蜗杆传动的类型

蜗杆传动的分类见表 3-8。

3. 蜗杆传动特点

1）传动比大，结构紧凑，体积小，质量小。

2）传动平稳，无噪声。

3）具有自锁性。当蜗杆的导程角很小时，蜗杆只能带动蜗轮转动，而蜗轮不能带动蜗杆转动。

4）蜗杆传动效率低，一般效率只有 70%~90%。

5）发热量大，齿面容易磨损，成本高。

4. 蜗杆传动的主要参数

通过蜗杆轴线并与蜗轮轴线垂直的剖切平面称为中间平面。在该平面内，蜗轮、蜗杆之间的啮合相当于齿轮和齿条的啮合，如图 3-5 所示。蜗杆传动的主要参数及几何尺寸计算均以中间平面为准。蜗杆传动的主要参数见表 3-9。

图 3-4 蜗杆传动

表 3-8 蜗杆传动的分类

分类方法	类型		示意图
按蜗杆形状分类	圆柱蜗杆传动	阿基米德蜗杆	
		渐开线蜗杆	
		法向直廓蜗杆	
	环面蜗杆传动		
	锥蜗杆传动		
按蜗杆螺旋线方向分类	右旋蜗杆		
	左旋蜗杆		
按蜗杆头数分类	单头蜗杆		
	多头蜗杆		

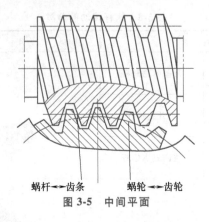

蜗杆←→齿条　　蜗轮←→齿轮
图 3-5　中间平面

表 3-9　蜗杆传动的主要参数

主要参数	说明
模数 m	蜗杆用轴向模数 m_{x1} 表示,蜗轮用端面模数 m_{t2} 表示,蜗杆传动中 $m_{x1}=m_{t2}$。模数已标准化,可从模数系列标准中选取
压力角 α	蜗杆的轴面压力角 α_{x1} 和蜗轮的端面压力角 α_{t2} 相等,且为标准值,即 $\alpha_{x1}=\alpha_{t2}=\alpha=20°$
蜗杆直径系数 q	在生产中为使刀具标准化,限制滚刀的数目,对一定模数 m 的蜗杆分度圆直径 d_1 做了规定,即规定了蜗杆直径系数 q,且 $q=d_1/m$
蜗杆分度圆导程角 γ	蜗杆分度圆导程角 γ 是指蜗杆分度圆柱螺旋线的切线与端平面之间所夹的锐角。其计算公式为 $$\gamma=\arctan\frac{p_x z_1}{\pi d_1}=\arctan\frac{mz_1}{d_1}$$ 其中,p_x 为轴向齿距;d_1 为蜗杆分度圆直径 导程角大,则蜗杆传动的效率高,但自锁性差 导程角小,则蜗杆传动自锁性强,但效率低
蜗杆头数 z_1	蜗杆头数 z_1 主要根据蜗杆传动的传动比和传动效率来选定,一般推荐选用 $z_1=1、2、4、6$。蜗杆头数少,蜗杆传动的传动比大,易自锁,传动效率低;蜗杆头数越多,效率越高,加工越困难
蜗轮齿数 z_2	可根据 z_1 和传动比来确定,一般推荐 $z_2=29\sim80$

5. 蜗杆传动的传动比

蜗杆传动的传动比计算公式如下:

$$i=\frac{n_1}{n_2}=\frac{z_2}{z_1}$$

蜗杆传动的几何尺寸可按表 3-10 所列公式进行计算。

表 3-10　蜗杆传动的几何尺寸计算公式

名称	符号	计算公式		说明
		蜗杆	蜗轮	
中心距	a	$a=(d_1+d_2)/2$		
齿顶高	h_a	$h_{a1}=h_a^* m$	$h_{a2}=h_a^* m$	$h_a^*=1$
齿根高	h_f	$h_{f1}=(h_a^*+c^*)m$	$h_{f2}=(h_a^*+c^*)m$	$c^*=0.2$
齿高	h	$h_1=h_{a1}+h_{f1}$	$h_2=h_{a2}+h_{f2}$	
分度圆直径	d	$d_1=mq$	$d_2=mz_2$	
蜗杆齿顶圆直径	d_{a1}	$d_{a1}=d_1+2h_{a1}$		
蜗轮齿顶圆直径	d_{a2}		$d_{a2}=d_2+2h_{a2}$	
齿根圆直径	d_f	$d_{f1}=d_1-2h_{f1}$	$d_{f2}=d_2-2h_{f2}$	
蜗杆分度圆导程角	γ	$\tan\gamma=mz_1/d_1$		
蜗轮分度圆螺旋角	β	$\beta=\gamma$		蜗轮、蜗杆旋向相同
齿距	p	$p_x=p_t=\pi m$		

6. 蜗轮回转方向的判定

蜗杆、蜗轮的旋向及蜗轮回转方向的判定方法见表 3-11。

表 3-11 蜗杆、蜗轮的旋向及蜗轮回转方向的判定方法

项目	示意图	判定方法
判定蜗杆或蜗轮的旋向	右旋蜗杆 / 左旋蜗杆；右旋蜗轮 / 左旋蜗轮	右手定则：伸出右手，掌心朝向自己，四指沿着蜗杆或蜗轮轴线方向，若齿向与右手拇指指向一致，则该蜗杆或蜗轮为右旋，反之为左旋
判定蜗轮的回转方向	右旋蜗杆传动 / 左旋蜗杆传动	左、右手定则：根据蜗杆的旋向选手，四指沿蜗杆的回转方向，则大拇指所指方向的反方向为蜗轮上啮合点的线速度方向

7. 蜗杆传动的正确啮合条件

蜗杆传动的正确啮合条件如下：

$$m_{x1} = m_{t2} = m$$
$$\alpha_{x1} = \alpha_{t2} = \alpha$$
$$\gamma_1 = \beta_2$$

8. 蜗杆、蜗轮的常用材料

（1）蜗杆 中、低速蜗杆常用 45 钢调质；高速蜗杆采用 40Cr、40MnB 调质后表面淬火或采用 20、20CrMnTi 渗碳淬火。

（2）蜗轮 蜗轮的材料主要采用青铜。齿面滑动速度较低时选用铸铝铁青铜 ZCuAl10Fe3；齿面滑动速度较高或连续工作的重要场合常用铸锡磷青铜 ZCuSn10P1 或铸锡铅锌青铜 ZCuSn5Pb5Zn；低速、轻载场合，以及直径较大的蜗轮，也可使用 HT200、HT300。

9. 蜗杆传动的失效形式及维护

（1）失效形式 在蜗杆传动中，失效常发生在蜗轮轮齿上。蜗轮轮齿的失效形式有点蚀、磨损、

胶合和轮齿折断。一般情况下，因蜗杆传动效率较低，滑动速度较大，容易发热，故胶合和磨损破坏更为常见。

(2) 蜗杆传动的维护

1) 润滑。因为蜗杆传动摩擦发热多，所以要求工作时有良好的润滑条件，以减少磨损与散热，提高传动的效率。润滑方式主要有油池润滑和喷油润滑。选用黏度大、亲和力大的润滑油，同时选用必要的散热冷却方法，如加风扇、通冷却水等强制冷却，保证润滑的效果。

2) 散热。蜗杆传动摩擦发热多，工作时必须要有良好的散热条件。蜗杆传动常用的散热方式如图 3-6 所示。

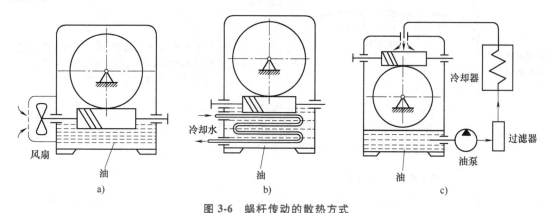

图 3-6 蜗杆传动的散热方式

二、带传动

1. 带传动概述

(1) 带传动的组成　带传动由固定于主动轴上的带轮（主动轮）、固定于从动轴上的带轮（从动轮）和紧套在两轮上的传动带组成，如图 3-7 所示。

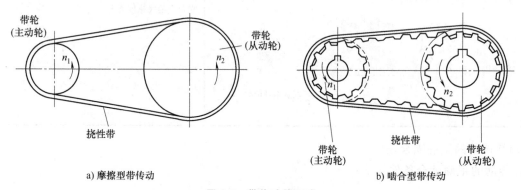

图 3-7 带传动的组成

(2) 带传动的工作原理　原动机驱动主动轮转动时，依靠带和带轮间的摩擦力（或啮合力），拖动从动轮一起转动，并传递一定的动力。

(3) 带传动的特点

1) 能缓冲、吸振，传动平稳，无噪声，但不能保证准确的传动比。
2) 过载时产生打滑，可防止零件损坏，起安全保护的作用。
3) 结构简单，制造容易，安装成本低。
4) 传动效率低，使用寿命短。

2. 常用带传动

常用带传动的类型、特点及应用场合见表 3-12。

表 3-12　常用带传动的类型、特点及应用场合

类型	摩擦传动			啮合传动
	平带传动	V带传动	圆带传动	同步带传动
示意图				
特点	结构简单,带轮制造容易,带轻且挠曲性好	承载能力大,是平带的三倍,使用寿命长	圆形横截面,承受载荷小	传动比准确,传动平稳,精度高,结构较复杂
应用场合	适用于中心距较大、速度快的平行轴交叉传动或相错轴的半交叉传动	用于传动比较大,中心距较小的传动,一般机械常用	仅用于如缝纫机、仪器等低速、小功率的传动	主要用于中小功率、传动比要求精确的场合,如数控机床、汽车发动机、纺织机械等

3. 带传动的传动比 i

机构中瞬时输入角速度与输出角速度的比值称为机构的传动比。带传动工作中存在弹性滑动,瞬时传动比不恒定,只能用平均传动比来表示。其计算公式为

$$i_{12} = n_1/n_2 = d_2/d_1$$

其中,n_1、n_2 分别为主、从动轮的转速,单位 r/mm;d_1、d_2 分别为主、从动轮的直径,单位 mm。

4. 同步带传动

(1) 同步带和同步带轮的结构与标记　同步带和同步带轮的结构与标记见表 3-13。

表 3-13　同步带与同步带轮的结构与标记

类型	结构	标记
同步带	带背　包布层　带齿　承载绳	长度代号　型号　宽度代号 同步带标记示例:420L050 420 L 050 　　　└─宽度代号(带宽 12.7mm) 　　└──型号(L 型,节距 9.525mm) 　└───长度代号(节线长度 1066.80mm)
同步带轮		带轮齿数　带型号　轮宽代号 同步带轮标记示例:30L075 30 L 075 　　　└─轮宽代号(轮宽 12.7mm) 　　└──带型号(L 型,节距 9.525mm) 　└───带轮齿数(30 齿)

(2) 同步带的安装

1) 安装同步带时,如果两带轮的中心距可以移动,必须先将带轮的中心距缩短,装好同步带后,再使中心距复位。若有张紧轮,先把张紧轮放松,然后装上同步带,再装上张紧轮。

2）在带轮上安装同步带时，切记不要用力过猛，或用螺钉旋具硬撬同步带，以防止同步带中的抗拉层产生肉眼观察不到的折断现象。

3）控制适当的初张紧力。

4）同步带传动中，两带轮轴线的平行度要求比较高，否则同步带在工作时会产生跑偏，甚至跳出带轮。轴线不平行将引起压力不均匀，使带齿早期磨损。

5）支承带轮的机架必须有足够的刚度，否则带轮在运转时会造成两轴线的不平行。

5. V带传动

V带传动是一种摩擦型带传动。如图 3-8 所示，工作时 V 带的两侧面是工作面，主动轮转动时，通过带与带轮环槽侧面的摩擦力，驱使从动轮转动，并传递一定的动力。

图 3-8 V 带传动

在经济型数控车床、传统机床主传动装置中，常采用 V 带传动传递动力。

（1）V 带的类型、结构及标记 常见的 V 带类型如图 3-9 所示。

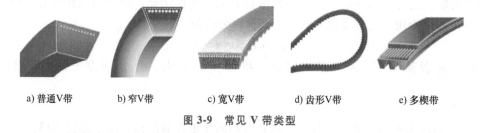

a) 普通V带　　b) 窄V带　　c) 宽V带　　d) 齿形V带　　e) 多楔带

图 3-9 常见 V 带类型

V 带是一种无接头的环形带，其横截面为等腰梯形，两侧面的夹角为 40°。其具体结构如图 3-10 所示。

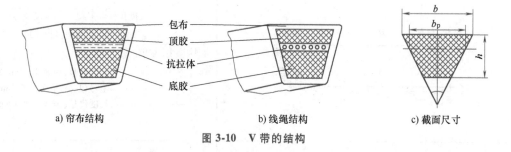

a) 帘布结构　　　　b) 线绳结构　　　　c) 截面尺寸

图 3-10 V 带的结构

普通 V 带已标准化，按横截面尺寸由小到大分为 Y、Z、A、B、C、D、E 共七种型号，相同条件下，横截面尺寸越大，则传递的功率越大。

V 带的标记组成：

| 型号 | 基准长度（mm） | 标准号 |

V 带标记示例：

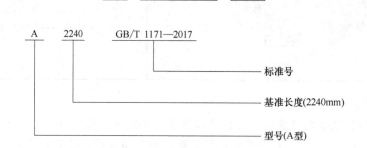

（2）V带轮的结构形式及材料　V带轮的结构形式见表3-14。

表3-14　V带轮的结构形式

序号	结构形式	图例	选用条件
1	实心带轮	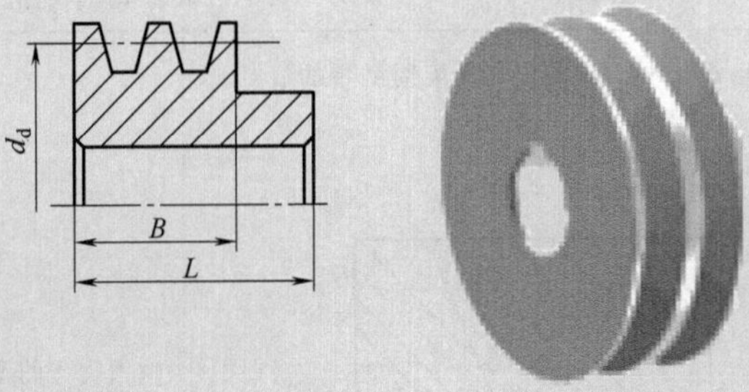	带轮基准直径 $d_d \leq (1.5 \sim 3)d_o$（d_o 为轴的直径）
2	辐板带轮	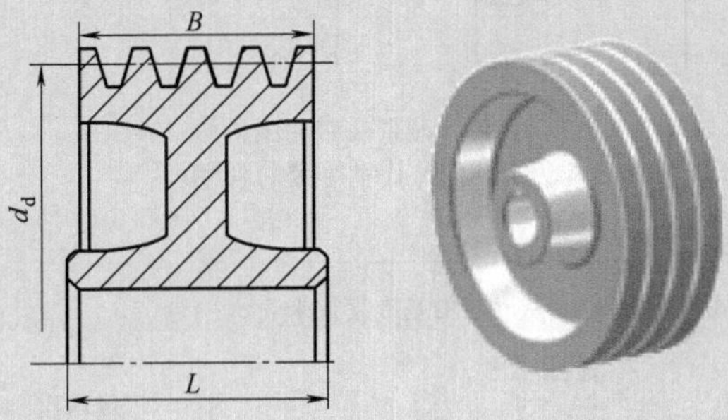	$d_d \leq 300mm$
3	孔板带轮	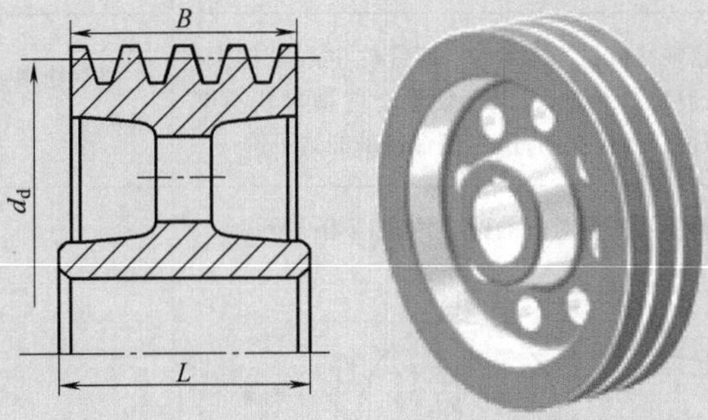	$d_d \leq 400mm$
4	轮辐带轮	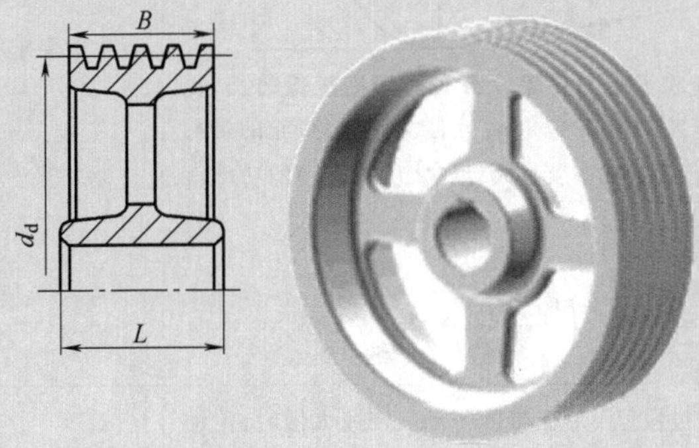	$d_d > 400mm$

V带轮的材料选用见表3-15。

表3-15　V带轮的材料选用

材料	灰铸铁（HT150、HT200）	铸钢或轻合金	铸铝或塑料
应用场合	一般场合	带速较高、功率较大时	小功率传动时

(3) V带传动的参数及选用 V带传动参数的选用见表3-16。

表3-16 V带传动参数的选用

参数	相关说明	选用
带的型号	—	根据传动功率和小带轮转速选取
带轮的基准直径 d_d	带轮的基准直径 d_d 指的是带轮上与所配用V带的节宽 b_p 相对应处的直径,如下图所示。在带传动中,带轮基准直径越小,传动时带在带轮上的弯曲变形越严重,V带的弯曲应力越大,从而缩短带的使用寿命 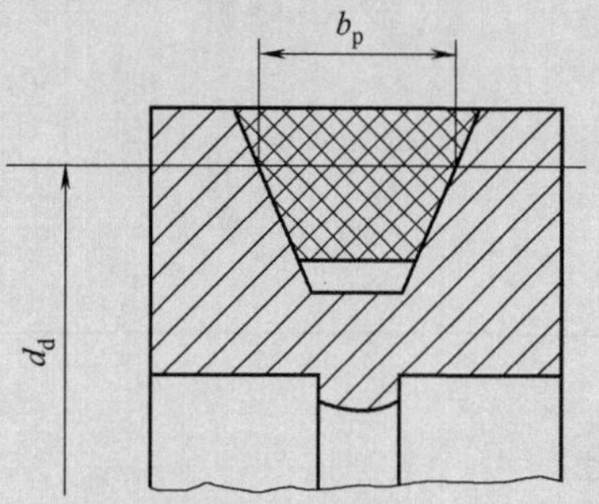	根据带的型号确定最小基准直径 d_{dmin},再从国家标准标准系列值中选用合适的数值
传动比 i	传动比计算公式可近似用主、从动轮的基准直径来表示:$$i_{12}=\frac{n_1}{n_2}=\frac{d_{d2}}{d_{d1}}$$其中,d_{d1}、d_{d2} 分别为主、从动轮的基准直径,mm;n_1、n_2 分别为主、从动轮的转速,r/min	传动比 $i\leqslant 7$,常用 2~7
中心距 a	中心距是两带轮轴线间的垂直距离,两带轮中心距越大,带传动能力越高;但中心距过大,又会使整个传动尺寸不够紧凑,在高速时易使带发生振动,反而使带传动能力下降	两带轮中心距一般在 $(0.7\sim 2)(d_{d1}+d_{d2})$ 范围内
小带轮的包角 α_1	包角是带与带轮接触弧所对应的圆心角,如下图所示。包角的大小反映了带与带轮轮缘表面间接触弧的长短。两带轮中心距越大,小带轮包角 α_1 也越大,带与带轮的接触弧也越长,带能传递的功率就越大;反之,所能传递的功率就越小。小带轮包角大小的计算公式为 $$\alpha_1=180°-\left(\frac{d_{d2}-d_{d1}}{a}\right)\times 57.3°$$ 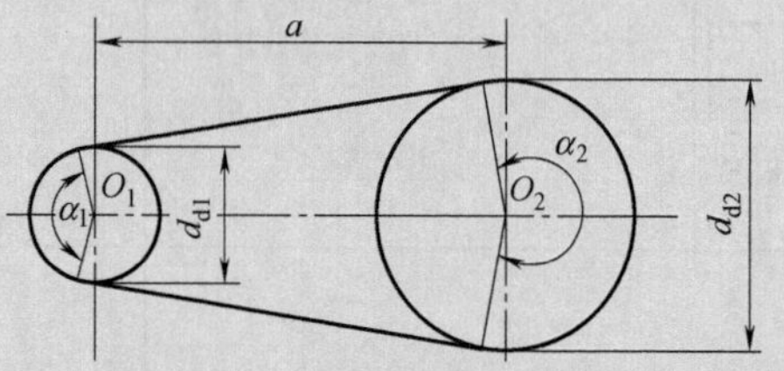	一般要求小带轮的包角 $\alpha_1\geqslant 120°$
带速 v	带速 v 过快或过慢都不利于带的传动。带速太慢时,传动尺寸大而不经济;带速太快时,离心力又会使带与带轮间的压紧程度减小,传动能力降低	一般取 $v=5\sim 25$m/s
V带的根数 z	V带的根数影响带的传动能力。根数多,传动功率大,但为了使各根带受力比较均匀,带的根数不宜过多	V带传动中所需带的根数按具体传递功率大小而定,通常带的根数 z 应小于7

(4) 影响带传动工作能力的因素 影响带传动工作能力的因素见表3-17。

表 3-17 影响带传动工作能力的因素

影响因素	相关说明
初拉力 F_0	F_0 越大，传动能力越大，越不易打滑，但会使轴和轴承所受压力过大，使带的使用寿命缩短；F_0 越小，传动能力越小，越易打滑
带的型号	带的横截面面积越大，带传动能力也越大。需根据传动情况正确选择带的型号
带的速度	当传动功率一定，带速过慢时，传递的圆周力增大，带易发生打滑；带速过快时，带的离心力增大，会减小摩擦力，降低带的传动能力
小带轮的包角	小带轮的包角越小，小带轮上带与带轮的接触弧越短，接触面间所产生的摩擦力越小
小带轮的基准直径	小带轮的基准直径越小，带弯曲变形越大，弯曲应力越大
中心距	中心距取大些有利于增大小带轮的包角，但会使结构不紧凑，且易引起带的颤动，使带传动的工作能力降低；中心距过小会使带的应力循环次数增加，易使带产生疲劳破坏，同时还会使小带轮的包角变小，影响带传动的工作能力
带的根数	带的根数越多，传动能力越强，同时还不易产生打滑，但带的根数过多，会使传动结构尺寸偏大，带受力不均匀

三、链传动

在机械设备和工程实际中，链传动被广泛地应用。例如图 3-11 所示加工中心链式刀库，刀套安装在套筒滚子链条上，由电动机通过减速装置驱动主动链轮旋转，带动安装在链条上的刀套运动，实现刀库的转位。

1. 链传动的组成

链传动一般由主动链轮、从动链轮和链条组成，如图 3-12 所示。链轮具有特定的齿形，链条套装在主动链轮和从动链轮上。

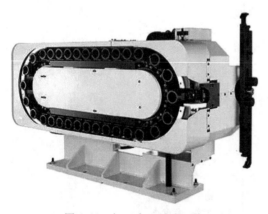

图 3-11 加工中心链式刀库

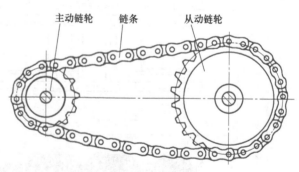

图 3-12 链传动

2. 链传动的工作原理

链传动工作时，通过链轮轮齿与链条上链节的啮合来传递运动和动力。

3. 链传动的特点

1) 无弹性滑动和打滑现象，有准确的平均传动比。
2) 工作可靠，效率高，过载能力强，所需张紧力小。
3) 可在低速、高温、油污等较恶劣的环境下工作。
4) 工作时有噪声，传动平稳性差，运转时会产生冲击。
5) 一般传动比不大于 6，低速时可达 10；链条速度不大于 15m/s，高速时可达 20～40m/s。
6) 一般两轴中心距不大于 6m，最大中心距可达 15m。

7）传递功率不大于100kW。

4. 链传动的应用场合

链传动主要适用于不宜采用带传动和齿轮传动，而两轴平行且中心距较大，功率较大，而又要求平均传动比准确的场合，广泛应用于矿山、农业、石油、化工机械中。在日常生活中最常见的例子是在自行车传动装置上的应用。

5. 链传动的常用类型

链传动的常用类型见表3-18。

表3-18 链传动的常用类型

类型		示意图	特点	应用
传动链	滚子链	 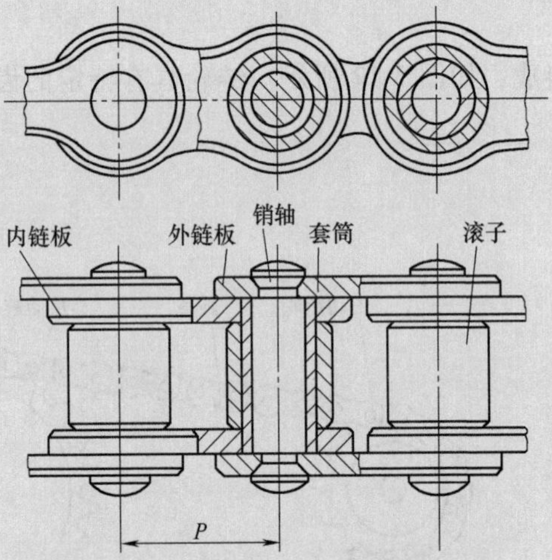	结构简单，磨损较轻	适用于一般机械的链传动
	齿形链		传动平稳性好，传动速度快，噪声小，承受冲击性能较好，但结构复杂，拆装困难，质量较大，易磨损，成本高	适用于高速、低噪声、运动精度要求较高的传动装置
输送链		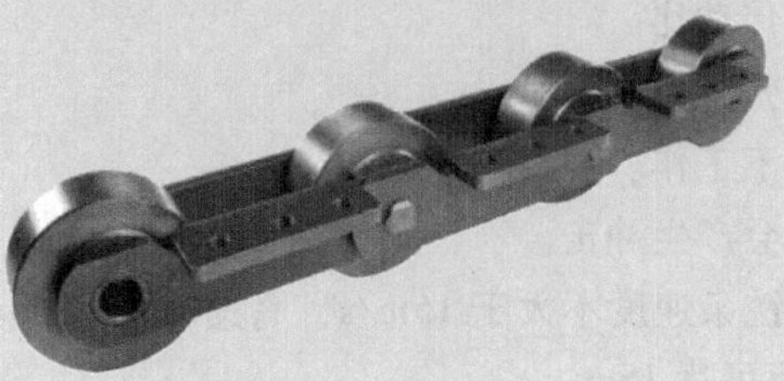	形式多样，布置灵活，工作速度一般不超过4m/s	用于输送工件、物品和材料，可直接用于各种机械上，或组成一个链式输送机单元

(续)

类型	示意图	特点	应用
起重链		结构简单,承载能力大,工作速度慢	用于传递力,起牵引、悬挂物品的作用,兼做缓慢运动

6. 链传动的传动比

主动链轮的转速 n_1 与从动链轮的转速 n_2 之比,称为链传动的传动比。其计算式为

$$i_{12}=\frac{n_1}{n_2}=\frac{Z_2}{Z_1}$$

其中,n_1、n_2 分别为主、从动链轮的转速,单位 r/min;Z_1、Z_2 分别为主、从动链轮的齿数。

7. 链传动参数的选用

链传动参数的选用见表 3-19。

表 3-19 链传动参数的选用

参数	相关说明	选用
节距 P	链条的相邻两销轴中心线之间的距离称为节距。节距越大,链传动各部分尺寸越大,传动能力越大,但传动的平稳性越差,冲击、振动和噪声也越严重	在满足传递功率的前提下,应选用较小节距的单排链;在高速传动时,可选用小节距多排链
链轮齿数 Z	链轮齿数越少,传动越不平稳,冲击、振动越剧烈。链轮齿数太多,除使传动尺寸增大外,还会因链条磨损严重而导致节距变大,易引起脱链	先按链速选取小链轮齿数,再按 $Z_2=iZ_1$ 确定大链轮的齿数
传动比 i	受链轮上的包角不能太小及传动尺寸不能太大等条件的制约	传动比 $i\leq 6$,最好在 2~3.5 以内
链速 v	链速变化会产生过大的冲击、振动和噪声	通常滚子链的链速应小于 12m/s
中心距 a	中心距过小会加剧链节的疲劳和磨损,同时小链轮的包角减小,受力的齿数减少,使轮齿受力增大;若中心距过大,链条的垂度增加,致使松边易发生过大的上下颤动,传动的不平稳性增加	一般取 $a=(30\sim50)P$
链节数	当链节数为偶数时,连接方式可采用可拆卸的外链板连接,接头处用开口销或弹簧卡固定;当链节数取奇数时,需用过渡链节,过渡链节的链板工作时会受到附加的弯矩	链节数应尽量取偶数,以避免使用过渡链节

8. 链传动的安装

链传动的安装要点如下:

1)两轴线应平行(图 3-13),两链轮的转动平面应在同一个平面内(图 3-14)。

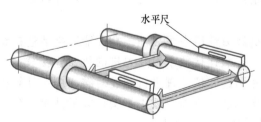

图 3-13 轴线平行

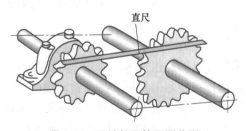

图 3-14 两链轮回转平面共面

2）链轮在轴上必须保证周向和轴向固定，最好成水平布置。如需要倾斜布置，链传动应使紧边在上，松边在下，必要时可采用张紧装置（图 3-15）。

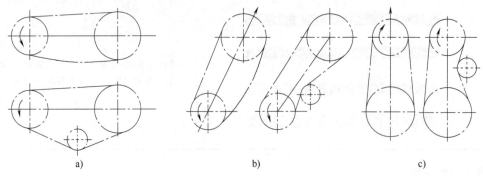

图 3-15　链传动的布置

3）凡离地面高度不足 2m 的链传动，必须安装防护罩。

9. 链传动的维护

链传动的维护要点如下：

1）链传动在使用过程中会因磨损而逐渐伸长，为防止松边垂度过大而引起啮合不良、松边抖动和跳齿等现象，应使链条张紧。

2）在链传动的使用中应合理地确定润滑方式和润滑剂种类。图 3-16 所示为链条的几种润滑方式。

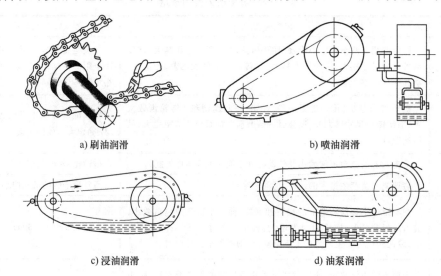

a) 刷油润滑　　　　　　　　　b) 喷油润滑

c) 浸油润滑　　　　　　　　　d) 油泵润滑

图 3-16　链条的润滑方式

 【职业拓展】

先进的装配连接技术

先进的装配连接技术指的是采用先进的机械方法、粘结剂及热能或压力使工件及部件按要求准确定位并结合在一起的方法。

在飞机制造中，装配连接质量直接影响飞机结构的抗疲劳性能与可靠性，高性能航空器连接结构必须采用先进的连接技术，如先进焊接技术、胶接技术、扩散连接技术以及先进的机械连接技术。目前在装配连接技术上使用了激光辅助定位、计算机辅助光学经纬仪系统进行装配对接、应用计算机辅助钻削系统并采用机器人化的装配单元大大提高飞机结构抗疲劳性能，减少了操作人员数量，延长飞机的使用寿命（图 3-17）。其主要的连接技术发展主要表现在以下几个方面：

图 3-17 C919 飞机

1. 自动钻铆技术

自动钻铆技术从 20 世纪 70 年代起就在国外普遍采用，其发展一直未曾间断。目前生产中的军、民用飞机的自动钻铆率分别达到了 17% 和 75% 以上，大量采用无头铆钉干涉配合技术，新型紧固件包括无头和冠头铆钉、钛环槽钉、高锁螺栓、锥形螺栓以及各种单面抽钉等，80% 的铆接和 100% 的不可拆卸剪螺栓联接均采用干涉配合，而且孔壁还要进行强化。真正的全自动钻铆还需要解决工件定位和校平问题。近年来，铆接正向着机器人和包含机器人视觉系统、大型龙门式机器人、专用柔性工艺装备、全自动钻铆机和坐标测量机组成的柔性自动化装配系统发展。

2. 电磁铆接技术

针对钛合金在飞机结构上应用范围扩大，而钛合金铆接成本效益又差等原因，电磁铆接的使用也在逐渐扩展。其成型机理完全不同于压铆，它具有许多优点，由于加载速率高，铆接时铆钉材料各方向流动均匀且同步，可以实现比较理想的干涉配合连接，主要应用于钛合金、复合材料及厚夹层结构的铆接。

3. 复合材料连接技术

复合材料的连接一般采用胶接和共固化，由于复合材料层压板层间强度低、抗冲击能力差等原因，早期未采用干涉配合技术，现在的研究表明复合材料结构采用干涉配合连接有利于提高接头强度。其解决的关键在于如何产生比较理想的干涉量而不损伤复合材料，因为干涉量大会对复合材料造成损伤，而干涉量小又会造成间隙配合。

4. 胶接与焊接技术

胶接结构被广泛地用于飞机结构，特别是用于次承力结构，如蜂窝夹层结构的夹芯与蒙皮的胶接以及桁条、肋和加强件与蒙皮的胶接。金属胶接技术被公认为是获得破损安全和高效结构的低成本工艺方法，同时具有良好的密封性、抗声振与声疲劳特性。因此国外在军、民用飞机上广泛采用了金属蜂窝胶接结构和板-板（铝板、钛板）胶接结构以及层间加入芳纶、玻璃或碳纤维增强的复合层板结构（ARALL、GLARE、CALL 结构）。目前正在开发铝锂合金板、钛合金层间由 SIC 纤维增强的复合层板和高温胶粘剂，改进表面制备工艺和提高结构的耐温和耐久性，并加紧开发研究特种功能（消音、隐形）的蜂窝胶接技术。

【项目评价】

蜗轮蜗杆提升机拆装训练考核内容见表 3-20。

表 3-20 蜗轮蜗杆提升机拆装训练考核内容

班级：_____ 姓名：_____ 学号：_____

考核项目		配分	自评得分	小组评价	教师评价	备注
工作态度	信息收集	10				能熟练查阅相关资料，多种途径获取知识
	团队合作	10				团队合作能力强，能与团队成员共同学习
	安全文明操作	10				按照操作规程进行规范操作

（续）

	考核项目	配分	自评得分	小组评价	教师评价	备注
任务实施	任务一：拆卸蜗轮蜗杆提升机	20				
	任务二：装配蜗轮蜗杆提升机	20				
知识储备	机械拆卸的基本知识	5				
	机械装配的基本知识	5				
	蜗轮蜗杆提升机拆装工具、量具	5				
	蜗轮蜗杆提升机的工作原理及特点	5				
	蜗轮蜗杆提升机中的零部件	5				
	机械拆装安全和文明生产操作规程	5				
	合计	100				
综合评价	综合评价成绩＝自评成绩×30%＋组评成绩×30%＋师评成绩×40%					
心得						

【思考与练习】

1. 简述拆卸蜗轮蜗杆提升机的注意事项。
2. 简述蜗杆传动的组成、类型和特点。
3. 简述带传动的类型、特点及应用。

项目四

拆装V型活动翻板模

【项目简介】

本项目所用的 V 型活动翻板模（图 4-1）是冲压模具。冲压模具是在冲压加工中将材料加工成工件或半成品的一种工艺装备，是工业生产的重要工艺装备。用冲压模具生产的零件采用轧钢板或钢带为坯料，且生产中通常不需加热，具有生产率高、成本低的优点。在飞机、汽车、拖拉机、电机、电器、仪器仪表以及日用品中随处可见到冲压产品。本项目是对 V 型活动翻板模进行拆卸和装配。

图 4-1 V 型活动翻板模

【项目分析】

完成 V 型活动翻板模拆装需要具备专业的技术和较丰富的经验，以确保操作的安全性和有效性。拆卸 V 型活动翻板模时，需要将模具拆开，并对各组成零件进行彻底的清洗和检查。对 V 型活动翻板模进行正确拆卸和装配，有利于保障模具的正常和长期使用。

【项目目标】

1. 知识目标

1) 熟悉模具装配的基本知识。
2) 掌握 V 型活动翻板模的结构和工作原理。
3) 掌握 V 型活动翻板模的拆装过程、工艺要领、拆装工具和拆装注意事项。

2. 能力目标

1) 能正确选用拆装工具。
2) 能规范拆装 V 型活动翻板模。
3) 能对装配后的 V 型活动翻板模进行质量检测。

3. 素养目标

1）热爱劳动，能够综合运用已学理论知识和技能，提高动手能力，提升分析解决问题的能力。

2）具有环保意识和安全意识，牢固树立文明操作的意识，规范操作，满足 7S 管理要求。

任务一　拆卸 V 型活动翻板模

 【任务导入】

图 4-2 所示为 V 型活动翻板模的结构。正确选用拆卸工具，可对 V 型活动翻板模进行拆卸。

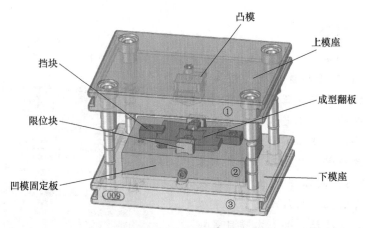

图 4-2　V 型活动翻板模结构示意图

 【任务分析】

拆卸 V 型活动翻板模前，通过分析 V 型活动翻板模的装配图（图 4-3）和观察实物可知，V 型活动翻板模主要由凸模、成型翻板、凹模固定板、挡块、限位块、复位弹簧等组成。观察各零部件的结构特征，熟悉它们的安装位置和安装方向（位），并在此基础上明确拆卸方法，选用合理的工具进行拆卸。

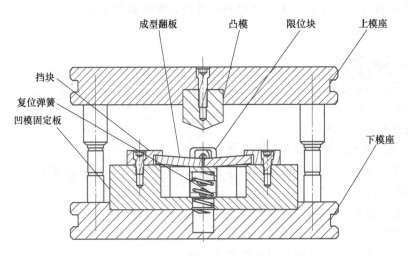

图 4-3　V 型活动翻板模装配图

项目四 拆装V型活动翻板模

一、拆卸V型活动翻板模的工具

1）实训设备：V型活动翻板模若干副。
2）V型活动翻板模装配图。
3）拆卸V型活动翻板模的工具见表4-1。

表4-1 拆卸V型活动翻板模的工具

名称	图示	规格	名称	图示	规格
锤子		0.5kg	铜棒		φ30mm×150mm
内六角扳手		1.5~10mm	毛刷		50mm

二、拆卸V型活动翻板模的步骤

按照表4-2所列拆卸步骤拆卸V型活动翻板模。

拆卸V型活动翻板模

表4-2 拆卸V型活动翻板模的步骤

序号	拆卸步骤	拆卸图示	拆卸要点
1	准备工作		将待拆卸的V型活动翻板模放在工作台上，准备好所需工具
2	分离上、下模		用铜棒轻敲将上、下模分离

(续)

序号	拆卸步骤	拆卸图示	拆卸要点
3	拆卸上模	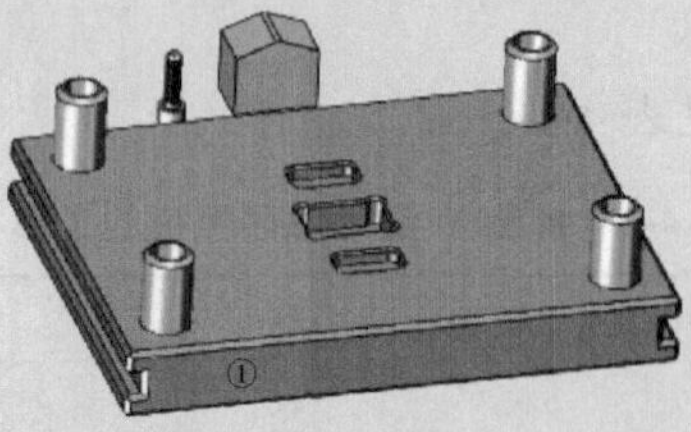	使用内六角扳手卸下固定螺钉,取出凸模
4	拆卸挡块	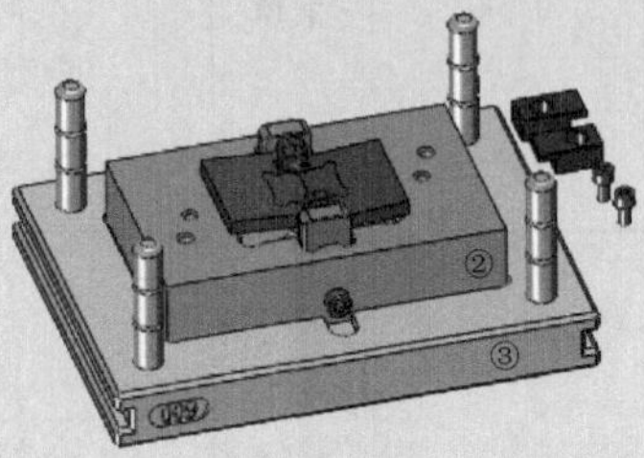	卸下挡块固定螺钉,取下挡块
5	拆卸限位块	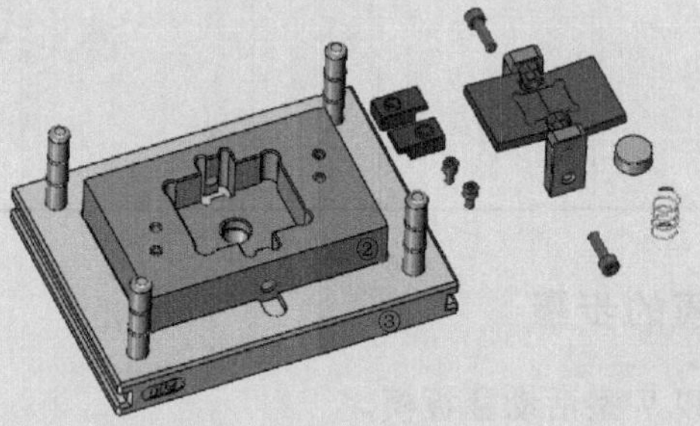	将限位块、成型翻板一起取出,取下顶出衬垫、弹簧
6	拆卸成型翻板	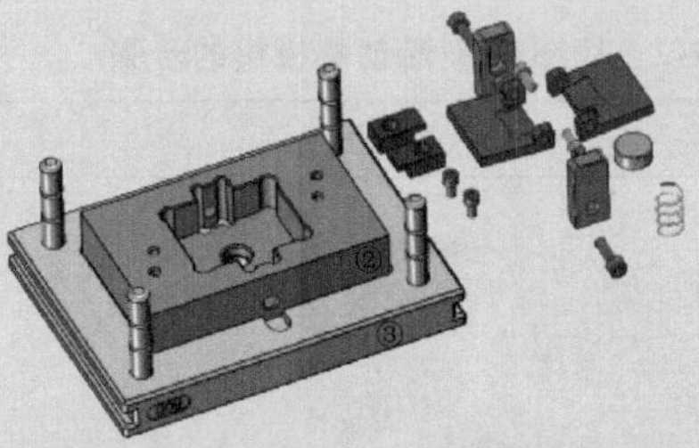	将限位块、成型翻板、限位轴分离
7	拆卸凹模固定板	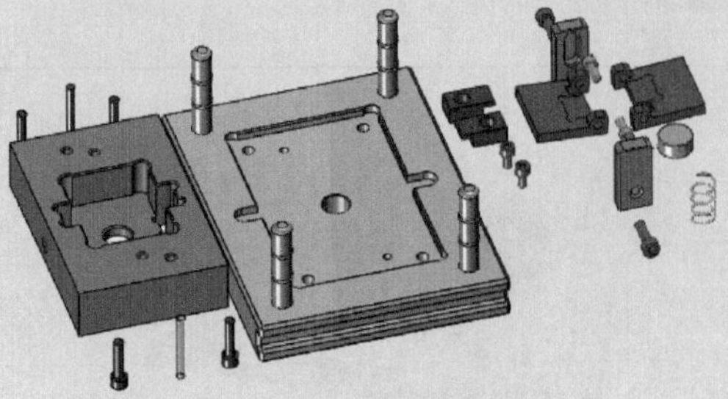	先敲出两定位销,卸下凹模固定板螺钉,取出凹模固定板

（续）

序号	拆卸步骤	拆卸图示	拆卸要点
8	拆卸导柱		用铜棒敲出四根导柱
9	清理		使用毛刷、无纺布将各零件擦拭干净
10	完成拆卸		清点零件并摆放整齐

> **操作提示：**
> 1. 拆卸模具前应先了解模具的工作性能、基本结构及各部分的重要性。
> 2. 在拆卸各类对称零件、安装方位易混淆零件时，应按顺序在零件上做标记，以免安装时弄错方向。直径相同的螺钉要按长短、安装位置分开摆放。
> 3. 拆下的零部件应尽可能放在一起，不要乱丢乱放，注意放稳放好。工作地点要经常保持清洁。通道不准放置零部件或工具。
> 4. 拆卸模具的弹性零件时应防止零件突然弹出伤人。
> 5. 传递物品要小心，不得随意投掷，以免伤及他人。

【任务评价】

完成任务后填写表 4-3 所列拆卸 V 型活动翻板模的评价内容。

表 4-3　拆卸 V 型活动翻板模的评价内容

类型	项目与要求	配分	测评方式			备注
			自评得分	小组评价	教师评价	
过程评价	正确说出各部分名称	15				
	合理选择拆卸工具	15				
	正确使用拆卸工具	15				
	正确标记各零件	15				
	操作熟练	15				
	清理各零件	10				
职业素养评价	着装规范	5				
	安全文明生产	5				
	能按照 7S 管理要求规范操作	5				
	合计	100				
综合评价	综合评价成绩＝自评成绩×30％＋组评成绩×30％＋师评成绩×40％					
心得						

任务二　装配 V 型活动翻板模

【任务导入】

维护保养或修理模具后要将模具装配复原，合理的装配方式及装配顺序能确保模具的装配精度及保护模具零件不受损伤，减少对模具使用寿命的影响。

【任务分析】

装配 V 型活动翻板模时，首先分析产品装配图，了解模具的结构特点和工作性能；了解模具中每个零件的功能以及它们之间的关系、装配要求和连接方法，以确定合理的装配基准。其次制订装配方法和装配顺序，准备所需要的工具。最后对零件进行清洗与清理，按照与拆卸相反的顺序进行装配，有标记的对称零件位置不能搞错，活动零件装配后灵活无卡滞，螺钉锁紧可靠。

【任务实施】

一、装配 V 型活动翻板模的工具

1）实训设备：V 型活动翻板模若干台。
2）V 型活动翻板模装配图。
3）装配 V 型活动翻板模的工具见表 4-4。

表 4-4　装配 V 型活动翻板模的工具

名称	装配图示	规格
铜棒	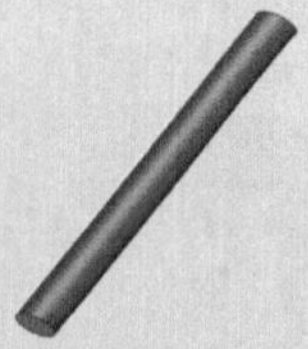	φ30mm×150mm
内六角扳手	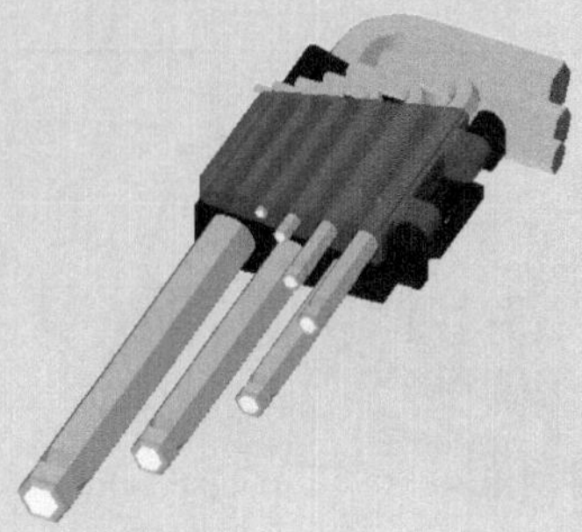	1.5～10mm

二、装配 V 型活动翻板模的步骤

按照表 4-5 所列装配步骤装配 V 型活动翻板模。

表 4-5　装配 V 型活动翻板模的步骤

序号	装配步骤	装配图示	装配要点
1	准备工作	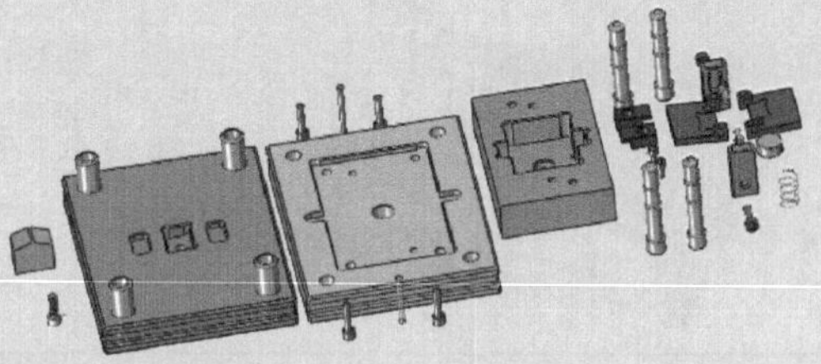	清点各零件是否齐全、完好，准备好所需工具
2	安装上模	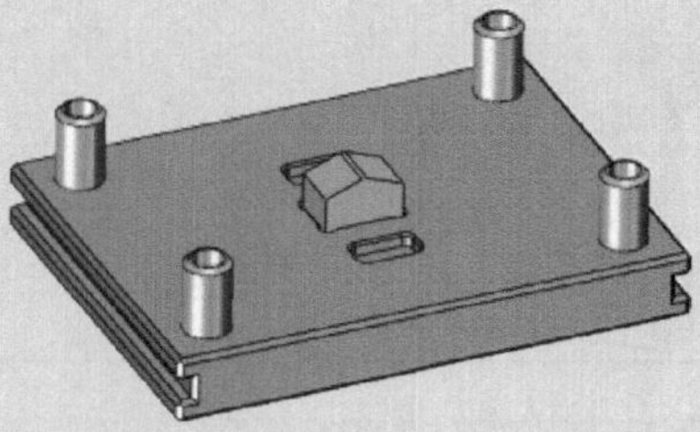	装入凸模，用铜棒轻敲凸模到位，用内六角扳手拧紧螺钉
3	安装导柱	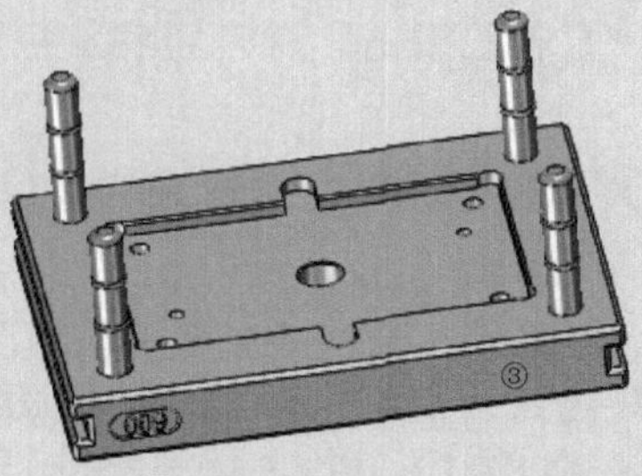	用铜棒敲入四根导柱

（续）

序号	装配步骤	装配图示	装配要点
4	安装凹模固定板	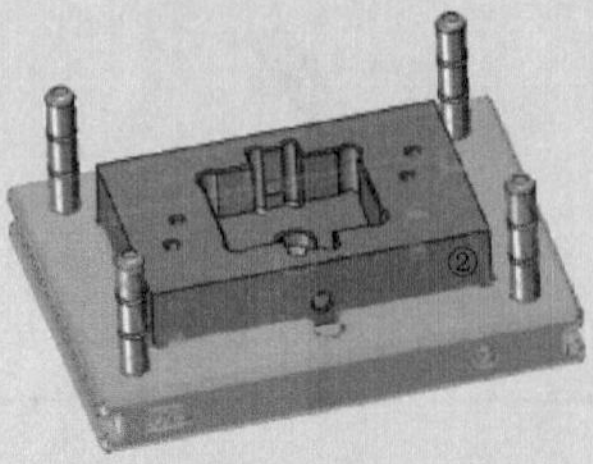	用铜棒敲入定位销，用内六角扳手拧紧螺钉
5	装入弹簧及顶出衬垫	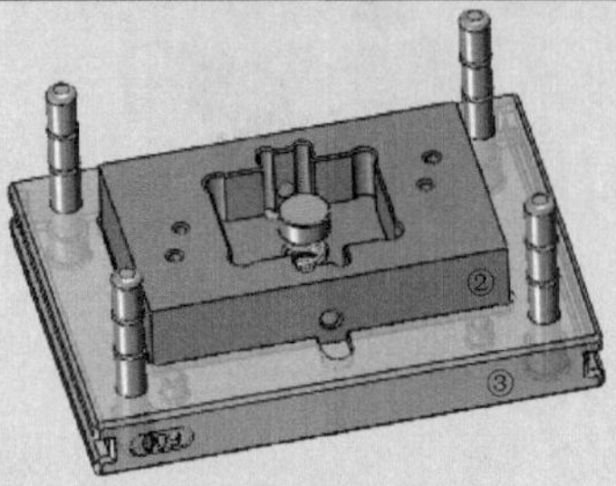	注意顺序
6	组装成型翻板、转轴、限位块	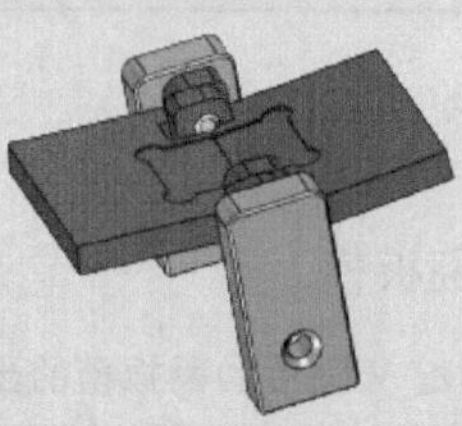	注意各零件的方向
7	装配成型翻板、转轴、限位块	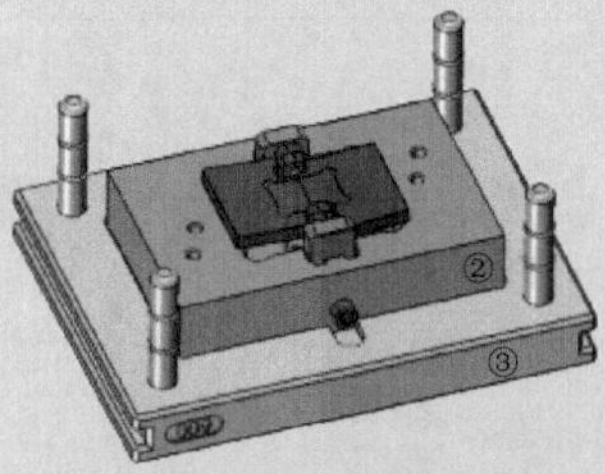	用内六角扳手锁紧挡块固定螺钉
8	合模	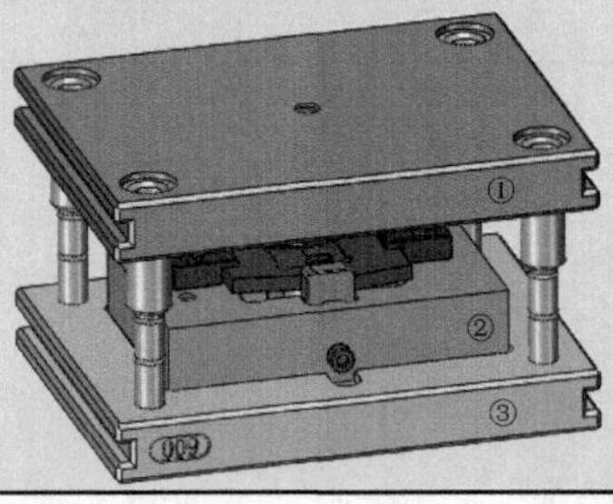	对上、下模进行合模，用铜棒轻轻敲击使上、下模合模到位

> 操作提示：
>
> 1．装配前先检查各零件是否齐全，是否已清洁，有无划痕及拉毛（特别是成型零件），如有应用油石等打磨。
>
> 2．装入导柱时，应注意拆卸时所做的记号，避免方向装错，以免导柱或母模上导套不能正常装入。
>
> 3．在装配中不要轻易用铁锤敲打，以免损坏构件或影响装配精度。
>
> 4．在装配时，要注意装配顺序包括构件的正反方向，做到一次装成。活动件灵活顺畅，固定件装配可靠。

三、检测装配 V 型活动翻板模的精度

装配完成后按照表 4-6 所列内容对 V 型活动翻板模的精度进行检测。

表 4-6 检测 V 型活动翻板模精度的步骤

序号	检测步骤	检测图示	检测要点	实测记录
1	检测导柱对模座的垂直度	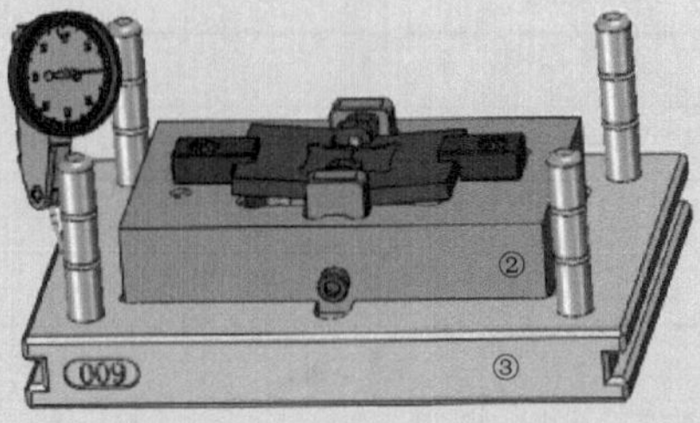	使用百分表检测导柱与固定模座的垂直度,误差≤0.01mm	
2	检测模座平行度	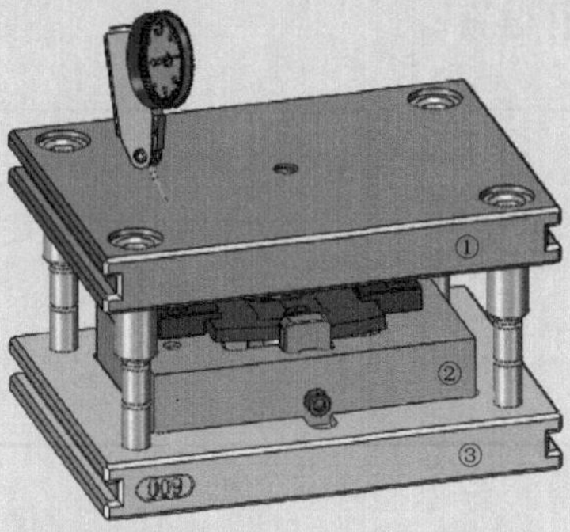	使用杠杆百分表检测上、下模座平行度,误差≤0.05mm	
3	检测活动机构的灵活度	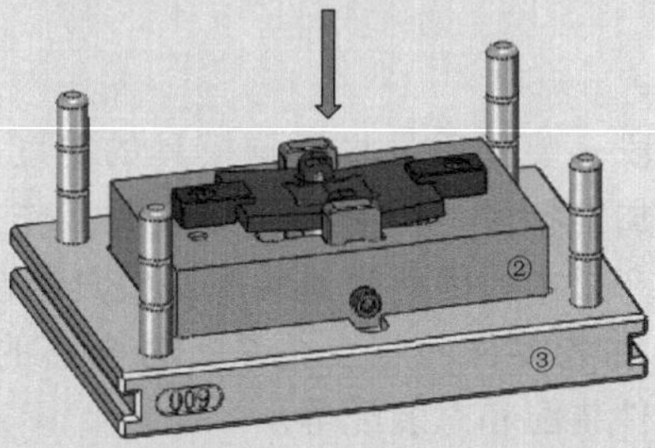	按下及放开成型翻板机构,要求按下、弹出复位灵活无卡滞	
4	检测导柱、导套的配合精度	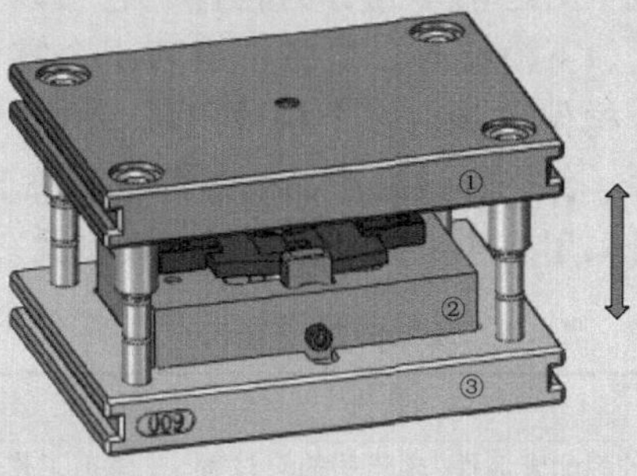	上模座沿导柱上、下移动应平稳无卡滞,导柱导套配合间隙均匀	

【任务评价】

完成任务后填写表 4-7 所列装配 V 型活动翻板模的评价内容。

表 4-7 装配 V 型活动翻板模的评价内容

类型	项目与要求	配分	测评方式			备注
			自评得分	小组评价	教师评价	
过程评价	合理选择装配工具	15				
	正确使用装配工具	15				
	装配工艺合理	15				
	合理选择检测工具	10				
	正确使用检测工具	10				
	操作熟练	10				
	装配精度检测符合技术要求	10				
职业素养评价	着装规范	5				
	安全文明生产	5				
	能按照 7S 管理要求规范操作	5				
合计		100				
综合评价	综合评价成绩 = 自评成绩×30% + 组评成绩×30% + 师评成绩×40%					
心得						

【知识储备】

一、模具装配概述

模具装配是模具制造过程的最后阶段,装配质量将影响模具的精度、寿命和各部分的功能。要制造出一副合格的模具,除了保证零件的加工精度,还必须做好装配工作。同时模具装配阶段的工作量比较大,又将影响模具的生产周期和生产成本,因此模具装配是模具制造中的重要环节。

模具装配过程是按照模具技术要求和各零件间相互关系,将合格的零件连接固定为组件、部件,直至装配成合格的模具,它可以分为组件装配和总装配等。

机械中不可拆卸的基本单元称为零件,如模具上的导柱、导套、模柄、垫板、固定板、整体凸模、整体凹模等,它是制造的单元体。机械中的运动单元称为构件,它可以是一个零件,也可以由几个无相对运动的零件组成,如拼块凸模,上、下模座等。机械中由若干个零件装配而成能完成特定任务的一个组成部分称为部件,它可以是一个构件或是由多个构件组成,如上模、下模、定模、动模、凸模组件、凹模组件等。把零件装配成构件、部件和最终产品的过程分别称为构件装配、部件装配和总装。根据产品的生产批量不同,装配过程可采用表 4-8 所列的不同组成型式。

表 4-8 装配的组成型式

名称		特点	应用范围
固定装配	集中装配	从零件装配成部件、成产品的全过程,在固定工作地点,由一组(或一名)工人来完成。对工人技术要求较高,工作地面积大,装配周期长	1. 单件和小批生产 2. 装配高精度产品,调整工作较多时适用
	分散装配	把产品装配的全部工作分散为各种部件装配和总装配,各分散在固定的工作地点完成,装配工人增大、生产面积增大,生产率高,装配周期短	成批生产

(续)

	名称	特点	应用范围
移动装配	产品按自由节拍移动	装配工序是分散的，每一组装配工人完成一定的装配工序，每一装配工序无一定的节拍。产品是经传送工具自由地（按完成每一工序所需时间）送到下一工作地点，对装配工人的技术要求较低	大批生产
	产品按一定节拍周期移动	装配的分工原则同前一种组成型式。每一装配工序是按一定的节拍进行的。产品经传送工具按节拍周期性（断续）地到下一工作地点，对装配工人的技术要求低	大批和大量生产
	产品按一定速度连续移动	装配分工原则同上。产品通过传送工具以一定速度移动，每一工序的装配工作必须在一定的时间内完成	大批和大量生产

模具生产属于单件小批量生产，适合于采用固定装配的集中装配形式。

模具装配内容包括：选择装配基准、组件装配、调整、修配、研磨抛光、检验和试冲（试压）等环节，通过装配达到模具各项精度指标和技术要求。通过模具装配和试冲（试压）也将考核制件成型工艺、模具设计方案和模具工艺编制等工作的正确性和合理性。在模具装配阶段发现的各种技术质量问题，必须采取有效措施妥善解决，满足试制成型的需要。

模具装配工艺规程是指导模具装配的技术文件，也是制订模具生产计划和进行生产技术准备的依据。模具装配工艺规程的制订根据模具种类和复杂程度、各单位的生产组织型式和习惯做法等具体情况可简可繁。模具装配工艺规程包括：模具零件和组件的装配顺序，装配基准的确定，装配工艺方法和技术要求，装配工序的划分以及关键工序的详细说明，必备的二级工具和设备，检验方法和验收条件等。

二、装配的技术要求

1. 模具装配的技术要求

1) 模具各零件的材料、几何形状、尺寸精度、表面粗糙度和热处理等均要符合图样要求，零件的工作表面不允许有裂纹和机械伤痕等缺陷。

2) 模具装配后，必须保证模具各零件间的相对位置精度，尤其是当制件的有些尺寸与几个冲模零件有关时，必须予以特别注意。

3) 装配后所有的模具活动部位都应保证位置准确、配合间隙适当、动作可靠、运动平稳。固定的零件应牢固可靠，在使用中不得出现松动和脱落。

4) 选用或新制模架的精度应满足制件所需要的精度要求。

5) 模座沿导柱上、下移动应平稳和无阻滞现象，导柱与导套的配合精度应符合标准规定，且间隙均匀。

6) 模柄圆柱部分应与上模座上平面垂直，其垂直度误差在全长范围内不大于0.04mm。

7) 所有凸模应垂直于固定板的装配基面。

8) 凸模与凹模的间隙应符合图样要求，且沿整个轮廓上间隙要均匀一致。

9) 被冲毛坯定位应准确、可靠、安全，排料和出件应畅通无阻。

10) 应符合装配图上除上述以外的其他技术要求。

2. 部件装配技术要求

1) 模具外观的技术要求见表4-9。

2) 装配后模具工作零件的技术要求见表4-10。

3) 装配后紧固件的技术要求见表4-11。

表 4-9 模具外观的技术要求

项目	技术要求
铸造表面	铸造表面应清理干净,使其光滑、美观、无杂尘 铸造表面应涂上绿色、蓝色或灰色漆
加工表面	模具加工表面应平整,无锈斑、锤痕及碰伤、焊补等
加工表面倒角	加工表面除刃口、型孔外,锐边、尖角均应倒钝 小型冲模倒角应不小于 $C2$,中型冲模倒角不小于 $C3$,大型冲模倒角不小于 $C5$
起重杆	模具质量大于 25kg 时,模具本身应装有起重杆或吊环、吊钩
打刻编号	在模具正面(模板上)应按规定打刻编号:冲模图号、制件号、使用压力机型号、工序号、推杆尺寸及根数、制造日期

表 4-10 装配后模具工作零件的技术要求

安装部位	技术要求
凸模、凹模、凸凹模、侧刃与固定板的安装基面装配后的垂直度	凸模、凹模、凸凹模、侧刃与固定板的安装基面装配的垂直度公差为: 刃口间隙≤0.06mm 时,在 100m 长度上垂直度公差应小于 0.04mm 刃口间隙 0.06~0.15mm 时,垂直度公差为 0.08mm 刃口间隙≥0.15mm 时,垂直度公差为 0.12mm
凸模(凹模)与固定板的装配	凸模(凹模)与固定板装配后,其安装尾部与固定板安装面必须在平面磨床上磨平至表面粗糙度值为 Ra0.80~1.60μm 以上,对于多个凸模,工作部分高度(包括冲裁凸模、弯曲凸模、拉伸凸模以及导正钉等)必须按图样保持相对的尺寸要求,其相对误差不大于 0.1mm,在保证使用可靠的情况下,允许用低熔点合金浇注法来固定固定板上的凸、凹模
凸模(凹模)与固定板的装配	装配后的冲裁凸模或凹模,凡是由多件拼块拼合而成的,其刃口两侧的平面应完全一致、无接缝感,且刃口转角处非工作的接缝面不允许有接缝及缝隙存在 对于由多件拼块拼合而成的弯曲、拉伸、翻边、成型等的凸、凹模,其工作表面允许在接缝处稍有不平现象,但平直度公差不大于 0.02mm 装配后的冷挤压凸模工作表面与凹模型腔表面不允许留有任何细微的磨削痕迹及其他缺陷 凡冷挤压用的预应力组合凹模或组合凸模,在其组合时,轴向压入量或径向过盈量应保证达到图样要求,同时其相配的接触面锥度应完全一致,涂色检查后应在整个接触长度和接触面上均匀着色 凡冷挤压的分层凹模,必须保证型腔分层接口处一致,无缝隙及凹入型腔的现象

表 4-11 装配后紧固件的技术要求

紧固件名称	技术要求
螺钉	装配后的螺钉必须拧紧,不许有任何松动现象 对于钢件及铸钢件联接长度应不小于螺钉直径,对于铸铁件联接长度应不小于螺纹直径的 1.5 倍
圆柱销	圆柱销联接两个零件时,每个零件都应有圆柱销 1.5 倍直径的长度占有量(销深入零件的深度大于 1.5 倍圆柱销直径) 圆柱销与销孔的配合松紧应适度

4) 装配后导向零件的技术要求见表 4-12。

表 4-12 装配后导向零件的技术要求

装配部位	技术要求
导柱压入模座后的垂直度	导柱压入下模座后,在 100mm 长度范围内垂直度公差为: 滚珠导柱类模架≤0.005mm 滑动导柱 I 类模架≤0.01mm 滑动导柱 II 类模架≤0.015mm 滑动导柱 III 类模架≤0.02mm
导料板的装配	装配后模具上的导料板的导向面应与凹模进料中心线平行。对于一般冲裁模,在 100mm 长度范围内平行度公差不得大于 0.05mm 对于级进模,在 100mm 长度范围内平行度公差不得大于 0.02mm 左右导料板的导向面之间的平行度公差在 100mm 长度范围内不得大于 0.02mm

(续)

装配部位	技术要求
斜楔及滑块导向	模具中利用斜楔、滑块等零件做多方向运动的结构。其相对斜面必须吻合。吻合程度在吻合面纵、横方向上均不得小于3/4长度 预定方向的运动精度偏差在100mm长度范围内不得大于0.03mm 导滑部分必须活动正常,不能有阻滞现象发生

5）装配后凸、凹模间隙的技术要求见表4-13。

表4-13 装配后凸、凹模间隙的技术要求

模具类型		技术要求
冲裁凸、凹模		间隙必须均匀,其公差不大于规定间隙的20%,局部尖角或转角处不大于规定间隙的30%
弯曲模和成型类冲模的凸、凹模		装配后的凸、凹模四周间隙必须均匀,其装配后的偏差值最大不应超过"料厚+料厚的上极限偏差",而最小值不应超过"料厚+料厚的下极限偏差"
拉深模	几何形状规则（圆形、矩形）	各向间隙应均匀,按图样要求进行检查
	形状复杂、空间曲线	按压弯、成型类冲模处理

三、模具装配的精度要求

完成装配的产品应按装配图保证配合零件的配合精度、有关零件之间的位置精度要求、具有相对运动的零（部）件的运动精度要求和其他装配要求。

模具装配精度包括以下四个方面：

1）相关零件的位置精度。如定位销孔与型孔的位置精度；上、下模之间，定、动模之间的位置精度；型腔、型孔与型芯之间的位置精度等。

2）相关零件的运动精度。包括直线运动精度、圆周运动精度及传动精度。如导柱和导套之间的配合状态，顶块和卸料装置的运动是否灵活可靠、进料装置的送料精度等。

3）相关零件的配合精度。它是指相互配合零件间的间隙和过盈程度是否符合技术要求。

4）相关零件的接触精度。如模具分型面的接触状态如何，间隙大小是否符合技术要求；弯曲模的上、下成型表面的吻合一致性；拉深模定位套外表面与凹模进料表面的吻合程度等。

四、模具装配方法

（1）装配特点 单工序冲裁模分无导向装置的冲裁模和有导向装置的冲裁模两种类型。对于无导向装置的冲裁模，在装配时可以按图样要求将上、下模分别进行装配，其凸、凹模间隙是在冲裁模被安装在压力机上时进行调整的。而对于有导向装置的冲裁模，装配时首先要选择基准件，然后以基准件为基准，配装其他零件并调好间隙值。

（2）装配方法 落料模如图4-4所示，其装配方法见表4-14。

表4-14 落料模的装配方法

工序	工艺说明
装配前的准备	1. 通读总装配图,了解所冲零件的形状、精度要求及模具的结构特点、动作原理和技术要求 2. 选择装配顺序及装配方法 3. 检查零件尺寸、精度是否合格,并且备好螺钉、弹簧、销等标准件及装配用的辅助工具
安装模柄	1. 在压力机上,将模柄1压入上模板4中,压实后,再把模柄1的端面与上模板4的底面在平面磨床上磨平 2. 用直角尺检查模柄与上模板4的垂直度,并调整到合适为止
安装导柱、导套	1. 在压力机上分别将导柱14和导套16压入下模座12和上模板4内 2. 用直角尺检查其垂直度,如超过允许的垂直度误差,应重新安装
安装凸模	1. 在压力机上将凸模8压入凸模固定板6内,并检查凸模8与凸模固定板6的垂直度 2. 装配后将凸模固定板6的上平面与凸模8的尾部一起磨平 3. 将凸模8的工作部位端部磨平,以保持刃口锋利

(续)

工序	工艺说明
安装弹压卸料板	1. 将弹压卸料板9套在已装入凸模固定板内的凸模上 2. 在凸模固定板6与弹压卸料板9之间垫上平行垫块,并用平行夹板将其夹紧 3. 按弹压卸料板9上的螺孔位置在凸模固定板6上划圆圈 4. 拆下后,钻削凸模固定板上的螺纹孔
安装凹模	1. 把凹模10装入凹模套11内 2. 压入紧固后,将上、下平面在平面磨床上磨平
安装下模	1. 在凹模10与凹模套11的组合上安装定位板15,并把该组合安装在下模座12上 2. 调好各零件间的相对位置后,在下模座上按凹模套11的螺孔配钻、加工螺纹孔、销孔 3. 装入销,拧紧螺钉
安装上模	1. 把已装入凸模固定板6的凸模8插入凹模孔内 2. 在凸模固定板6与凹模套11间垫上适当高度的平行垫铁 3. 将上模板4放在凸模固定板6上,对齐位置后夹紧 4. 以凸模固定板6的螺孔为准,配钻上模板螺纹孔 5. 放入垫板5,拧上紧固螺钉
调整凸、凹模间隙	1. 先用光隙法调整间隙,即将装配后的模具翻过来,把模柄夹在机用平口钳上,用手灯照射,从下模座的漏料孔中观察间隙大小及均匀性,并调整使其均匀 2. 在发现某一方向不均匀时,可用锤子轻轻敲击凸模固定板6的侧面,使上模的凸模8改变位置,以得到均匀间隙为准
紧固上模	间隙均匀后,将螺钉紧固,配钻上模板销孔,并打入销
装入卸料板	1. 将弹压卸料板9固定在已装好的上模上 2. 检查弹压卸料板是否在凸模内,上、下移动是否灵活,凸模端面是否缩入卸料孔内约0.5mm 3. 检查合适后装入弹簧7
试切与调整	1. 用与制件同样厚度的纸板作为工件材料,将其放在凸、凹模之间 2. 用锤子轻轻敲击模柄进行试切 3. 检查试件毛刺大小及均匀性,若毛刺小或均匀,表明装配正确,否则应重新装配调整
打刻编号	试切合格后,根据厂家要求打刻编号

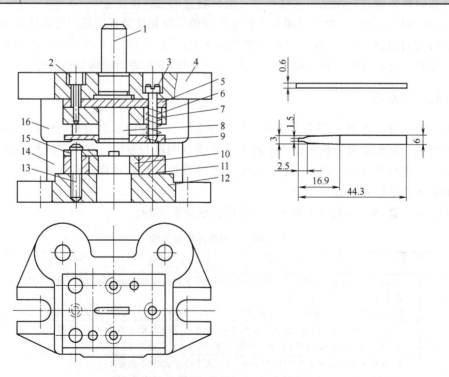

图 4-4 落料模(材料:H62黄铜板)

1—模柄 2—内六角圆柱头螺钉 3—卸料螺钉 4—上模板 5—垫板 6—凸模固定板
7—弹簧 8—凸模 9—弹压卸料板 10—凹模 11—凹模套 12—下模座
13—螺钉 14—导柱 15—定位板 16—导套

五、试模

冲模装配完成后,在生产条件下进行试冲,通过试冲可以发现模具的设计和制造缺陷,找出产生的原因,对模具进行适当的调整和修理再进行试冲,直到模具能正常工作,冲出合格的制件,模具的装配过程即告结束。

冲模试模时易出现的缺陷、产生原因和调整方法见表 4-15。

表 4-15 冲模试模时易出现的缺陷、产生原因和调整方法

试模缺陷	产生原因	调整方法
制件的弯曲角度不够	1. 凸、凹模的弯曲角度制造过小 2. 凸模进入凹模的深度太浅 3. 凸、凹模之间的间隙过大 4. 校正弯曲的实际单位校正力太小	1. 修正凸、凹模,使弯曲角度达到要求 2. 增大凹模深度,增大制件的有效变形区域 3. 采取措施,减小凸、凹模的配合间隙 4. 增大校正力或修整凸、凹模形状,使校正力集中在变形部位
制件的弯曲部位不符合要求	1. 定位板位置不正确 2. 制件两侧受力不平衡 3. 压边力不足	1. 重新装定位板,保证其位置正确 2. 分析制件受力不平衡的原因并纠正 3. 采取措施增大压边力
制件尺寸过长或不足	1. 间隙过小,将材料拉长 2. 压料装置的压边力过大使材料伸长 3. 设计计算错误	1. 修正凸、凹模,增大间隙 2. 采取措施减小压边装置的压料力 3. 毛坯落料尺寸在弯曲试模后确定
制件表面擦伤	1. 凹模圆角半径过小,表面粗糙度值过大 2. 润滑不良,使坯料粘附在凹模上 3. 凸、凹模的间隙不均匀	1. 增大凹模圆角半径,减小表面粗糙度值 2. 合理润滑 3. 修整凸、凹模,使间隙均匀
制件弯曲部位产生裂纹	1. 毛坯塑性差 2. 弯曲线与条料的纤维方向平行 3. 剪切截面的毛刺在弯曲的外侧	1. 将毛坯退火后再弯曲 2. 改变条料落料排样方式或改变条料下料方向,使弯曲线与板料纤维方向垂直 3. 使毛刺在弯曲的内侧,圆角在外侧
制件拉深高度不够	1. 毛坯尺寸小 2. 拉深间隙过大 3. 凸模圆角半径太小	1. 增大毛坯尺寸 2. 更换凸、凹模,使间隙适当 3. 增大凸模圆角半径
制件拉深高度太大	1. 毛坯尺寸太大 2. 拉深间隙太小 3. 凸模圆角半径太大	1. 减小毛坯尺寸 2. 调整凸、凹模的间隙,使间隙适当 3. 减少凸模圆角半径
制件壁厚和高度不均匀	1. 凸模和凹模间隙不均匀 2. 定位板或挡料销位置不正确 3. 凸模不垂直 4. 压边力不均匀 5. 凹模的结构不正确	1. 调整凸、凹模的间隙,使间隙均匀 2. 调整定位板或挡料销位置,使之正确 3. 修整凸模后重装 4. 调整托杆长度或弹簧位置 5. 重新修整凹模
制件起皱	1. 压边力太小或不均匀 2. 凸、凹模的间隙太大 3. 凹模圆角半径太大 4. 板料塑性差	1. 增大压边力或调整顶杆长度、弹簧位置 2. 减小拉深间隙 3. 减小凹模圆角半径 4. 更换材料
制件破裂或有裂纹	1. 压边力太大 2. 压边力不够,起皱引起破裂 3. 拉深间隙太小 4. 凹模圆角半径太小,表面粗糙 5. 凸模圆角半径太小 6. 拉深次数不够 7. 凸、凹模不同轴或不垂直 8. 板料质量不好	1. 调整压边力 2. 调整顶杆长度或弹簧位置 3. 增大拉深间隙 4. 增大凹模圆角半径,修磨凹模圆角 5. 增大凸模圆角半径 6. 增加拉深工序或增加中间退火工序 7. 重装凸、凹模,保证位置精度 8. 更换材料或增加中间退火工序,改善润滑条件
制件表面拉毛	1. 拉深间隙太小或不均匀 2. 凹模圆角表面粗糙度值大 3. 模具或板料不清洁 4. 凹模硬度太低,板料黏附凹模 5. 润滑油中有杂质	1. 修整拉深间隙 2. 修光凹模圆角 3. 清洁模具或板料 4. 提高凹模硬度或进行镀铬及渗氮处理 5. 更换润滑油

(续)

试模缺陷	产生原因	调整方法
制件表面不平	1. 凸、凹模（顶出器）无出气孔 2. 顶出器在冲压的最终位置时顶出力不够 3. 材料本身存在弹性	1. 钻出气孔 2. 调整冲模结构，使冲模闭合时，顶出器处于刚性接触状态 3. 改变凸、凹模和压料板形状
冲件毛刺过大	1. 刃口不锋利或淬火硬度不够 2. 间隙过大或过小，间隙不均匀	1. 修磨刃口使其锋利或提高刃口硬度 2. 重新调整凸、凹模间隙，使之均匀
冲件不平整	1. 凹模有倒锥 2. 顶杆、顶出器与零件的接触面积太小	1. 修磨凹模后角 2. 更换顶杆与顶出器，加大与零件的接触面积
尺寸超差、形状不准确	凸、凹模形状及尺寸精度差	修正凸、凹模形状及尺寸，使之达到形状及尺寸精度要求
凸、凹模偏心	1. 冲裁时产生侧向力 2. 卸料板倾斜	1. 在模具上设置垫块抵消侧向力 2. 修整卸料板或增加凸模导向装置
凹模被胀裂	凹模有倒锥，形成上口大、下口小的形状	修整凹模孔，消除倒锥现象
凸凹模刃口塌角	1. 上下模座、固定板、凹模、垫板等零件的安装基面不平行 2. 凸、凹模错位 3. 凸模和凹模、导柱、导套与安装基面不垂直 4. 导向精度差，导柱、导套配合间隙过大 5. 卸料板孔位偏斜使冲孔模产生位移	1. 调整有关零件，重新安装 2. 重新安装凸、凹模，使之对正 3. 调整其垂直度重新安装 4. 更换导柱、导套 5. 修整及更换卸料板
冲裁件剪切断面光亮带宽，甚至出现毛刺	冲裁间隙过小	适当加大冲裁间隙。对于冲孔模，在凹模方向上加大间隙，对于落料模，在凸模方向上加大间隙
剪切断面光亮带宽窄不均匀，局部有毛刺	冲裁间隙不均匀	修模或重装凸、凹模，调整间隙保证均匀
外形与内孔偏移	1. 在级进模中孔与外形偏心，并且所偏的方向一致，表明侧刃的长度与步距不一致 2. 级进模多件冲裁时，凸凹模位置有变化 3. 复合模孔形不正确，表明凸、凹模相对位置偏移	1. 加大或减小侧刃长度，或是磨小或加大挡料块尺寸 2. 重新安装凸模并调整其位置使之正确 3. 更换凸、凹模，重新进行安装，调整合适
送料不顺畅，有时被卡死，易发生在级进模中	1. 两导料板之间的尺寸过小或有斜度 2. 凸模与卸料板之间的间隙太大，致使搭边翻转而堵塞卸料板孔 3. 导料板的工作面与侧刃不平行，卡住条料，形成锯齿形 4. 侧刃与导料板挡块之间有间隙，配合不严密，形成的毛刺大	1. 精修或重新装配导料板 2. 减小凸模与卸料板之间的配合间隙 3. 修整导料板 4. 修整侧刃与导料板挡块之间的间隙，使之严密
卸料及卸件困难	1. 卸料装置不动作 2. 卸料弹力不够 3. 卸料孔不通畅，卡住废料 4. 凹模有倒锥 5. 漏料孔太小 6. 拉料杆长度不够	1. 重新装配卸料装置，使之灵活 2. 增大卸料弹力 3. 修整卸料孔 4. 修整凹模 5. 加大漏料孔 6. 加长拉料杆

【职业拓展】

自动化装配技术

自动化装配是指以自动化机械代替人工劳动的一种装配技术。自动化装配技术以机器人为装配机械，同时需要柔性的外围设备。在装配过程中，自动化装配可完成以下形式的操作：零件传输、定位及其连接；用压装或由紧固螺钉、螺母使零件相互固定；装配尺寸控制以及保证零件连接或固定的质量；输送组装完毕的部件或产品，并将其包装或堆垛在容器中等。

装配自动化在于提高生产率，降低成本，保证产品质量，特别是减轻或取代特殊条件下的人工装配劳动。实现装配自动化是生产过程自动化或工厂自动化的重要标志，也是系统工程学在机械制造领域里实施的重要内容。

自动化装配基于19世纪机械制造业中零部件的标准化和互换性（图4-5），开始用于小型武器和钟表的生产，随后又应用于汽车工业。在20世纪，首先建立了采用运输带的移动式汽车装配线，将工序细分，在各工序上实行专业装配操作，使装配周期缩短了约90%，降低了生产成本。互换性生产和移动装配线的出现和发展，为大批大量生产采用自动化开辟了道路，于是陆续出现了料斗式自动给料器和螺钉、螺母自动拧紧机等简单的自动化装置。在20世纪60年代，随着数字控制技术的迅速发展，出现了自动化程度较高而又有较大适应性的数控装配机，从而有可能在多品种中批生产中采用自动化装配。机器的自动化装配是指机器装配工艺过程的自动化。自动化装配系统可分为两种类型：其一是基于大批量生产装配的刚性自动化装配系统，主要由专用装配设备和专用工艺装备所组成；其二是基于柔性制造系统的柔性装配系统FAS（Flexible Assembly System），主要由装配中心（Assembling Center）和装配机器人（Assembly Robot）组成。由于世界制造业正向多品种、小批量生产的柔性制造和计算机集成制造发展，因此柔性装配系统是自动化装配的发展方向。

图 4-5　自动化装配线

【项目评价】

V 型活动翻板模拆装训练考核内容见表 4-16。

表 4-16　V 型活动翻板模拆装训练考核内容

班级：_____　姓名：_____　学号：_____

考核项目		配分	自评得分	小组评价	教师评价	备注
工作态度	信息收集	10				能熟练查阅相关资料，多种途径获取知识
	团队合作	10				团队合作能力强，能与团队成员共同学习
	安全文明操作	10				按照操作规程进行规范操作

(续)

	考核项目	配分	自评得分	小组评价	教师评价	备注
任务实施	任务一:拆卸 V 型活动翻板模	20				
	任务二:装配 V 型活动翻板模	20				
知识储备	模具装配概述	5				
	装配的技术要求	5				
	模具装配的精度要求	5				
	模具装配方法	10				
	试模	5				
	合计	100				
综合评价	综合评价成绩=自评成绩×30%+组评成绩×30%+师评成绩×40%					
心得						

【思考与练习】

1. 简述拆卸 V 型活动翻板模的注意事项。
2. 简述模具装配的组成型式。
3. 简述模具装配的精度要求。

项目五

拆装电动小车遥控器外壳注射模

【项目简介】

注射模就是塑料注射成型所用的模具,能够一次成型外形复杂、尺寸精确度要求高或带有嵌件的塑料制品,如图 5-1 所示。注射模具由动模和定模两部分组成,动模安装在注射成型机的移动模板上,定模安装在注射成型机的固定模板上。在注射成型时动模与定模闭合构成浇注系统和型腔,开模时动模和定模分离以便取出塑料制品。定期拆卸、检查和维护注射模具,可以保证模具的精度和稳定性,延长模具的使用寿命,降低生产成本。

图 5-1 电动小车遥控器外壳注射模

【项目分析】

完成注射模具的拆装需要技术熟练的工人严格按照规定的操作程序和操作规范进行。拆装过程中要注意保护模具成型表面,防止刮伤和损坏。在拆卸注射模具零部件时,先进行记录和标记,以便后续的组装和调试。拆卸和组装完成后,再次进行检查和调整,确保模具的质量和稳定性。

【项目目标】

1. 知识目标

1) 熟悉模具拆装的基本知识。
2) 掌握注射模具的结构和工作原理。
3) 掌握注射模具的拆装过程、工艺要领、拆装工具和拆装注意事项。

2. 能力目标

1) 能正确选用拆装工具。

2）能规范拆装注射模。
3）能对装配后的注射模进行质量检测。

3. 素养目标
1）培养严谨的学习态度和分析解决问题的能力。
2）牢固树立安全意识和文明操作意识，培养求实敬业的职业素养。

任务一　拆卸电动小车遥控器外壳注射模

【任务导入】

本次任务要求规范使用工具对电动小车遥控器外壳注射模进行拆卸，学生应熟悉注射模的结构、工作过程，领会注射模的工作原理，并在拆卸过程中熟悉注射模的各零件名称及作用，熟练掌握拆卸注射模的方法。图 5-2 所示为电动小车遥控器外壳注射模示意图。

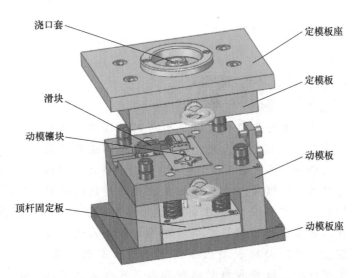

图 5-2　电动小车遥控器外壳注射模示意图

【任务分析】

电动小车遥控器外壳注射模由定模部分和动模部分组成，其中定模部分主要由浇注系统和成型型腔组成；动模部分由型芯、侧抽机构、顶出系统组成。

在拆卸前应了解注射模具的结构和组成零件的名称、作用，以及各零部件的装配关系。在熟悉以上各项内容的基础上，确定拆卸方法，选用合理的工具进行拆卸。通过分析电动小车遥控器外壳注射模结构图和观察实物可知，模具主要由动、定模板、型芯、滑块、斜导柱、顶杆、复位杆、浇口套等组成。图 5-3 所示为电动小车遥控器外壳注射模结构图。

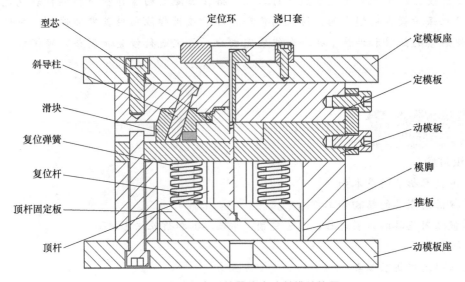

图 5-3　电动小车遥控器外壳注射模结构图

【任务实施】

一、拆卸电动小车遥控器外壳注射模的工具

1) 实训设备：电动小车遥控器外壳注射模若干套。
2) 电动小车遥控器外壳注射模装配图。
3) 拆卸电动小车遥控器外壳注射模的工具见表5-1。

表5-1 拆卸电动小车遥控器外壳注射模的工具

名称	图示	规格
锤子		0.5kg
内六角扳手		1.5~10mm
铜棒		φ30mm×150mm
毛刷		50mm

二、拆卸电动小车遥控器外壳注射模的步骤

按照表5-2所列拆卸步骤拆卸电动小车遥控器外壳注射模。

拆卸电动小车遥控器外壳注射模

表 5-2 拆卸电动小车遥控器外壳注射模的步骤

序号	拆卸步骤	拆卸图示	拆卸要点
1	准备工作		将待拆卸电动小车遥控器外壳注射模放在工作台上,准备好所需工具
2	拆卸锁模块及吊环		—
3	分离动、定模	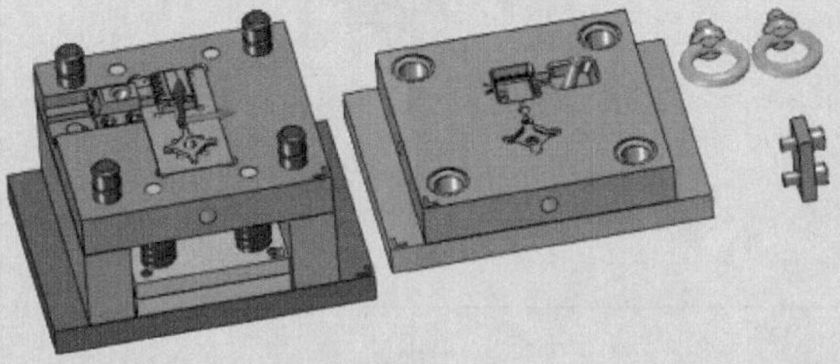	用铜棒轻敲定模固定板,将动、定模部分分离
4	拆卸定模板座	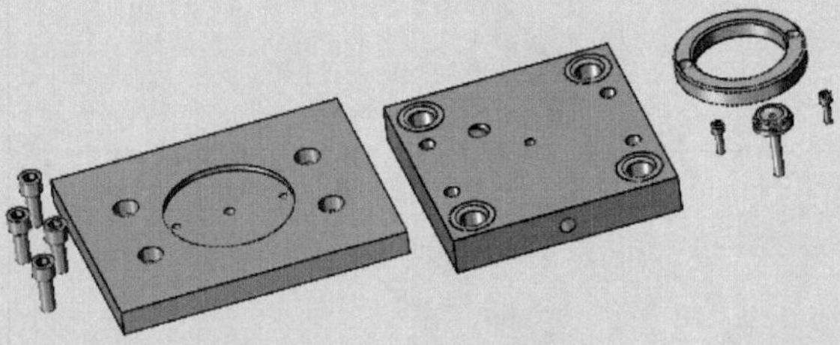	用铜棒顶浇口套,轻敲顶出,卸下固定螺钉,取下定位环及定模板座
5	拆卸斜导柱	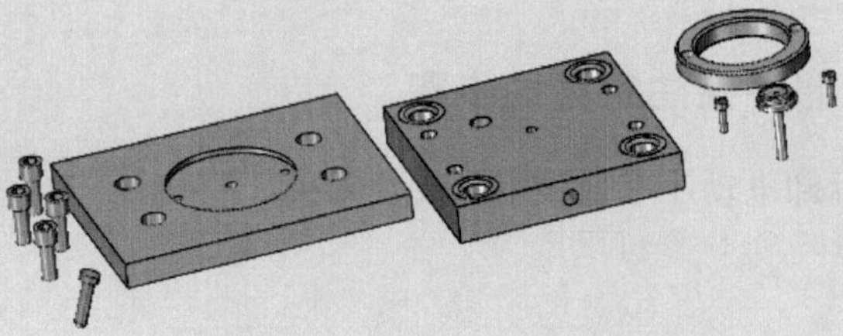	用铜棒敲出斜导柱

项目五　拆装电动小车遥控器外壳注射模

（续）

序号	拆卸步骤	拆卸图示	拆卸要点
6	拆卸滑块	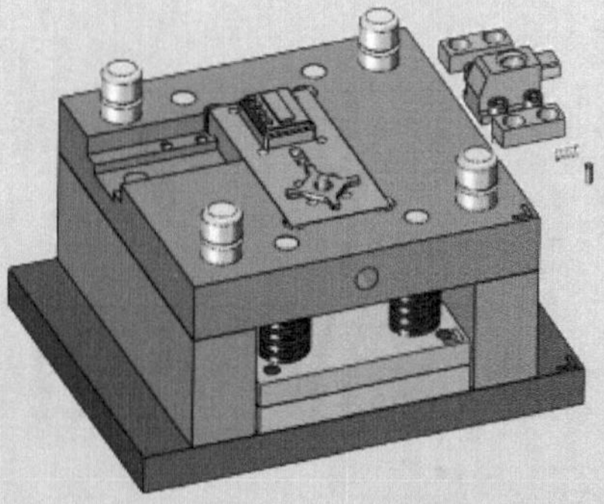	卸下两侧压板,取出滑块、复位弹簧、限位销
7	拆卸动模板座	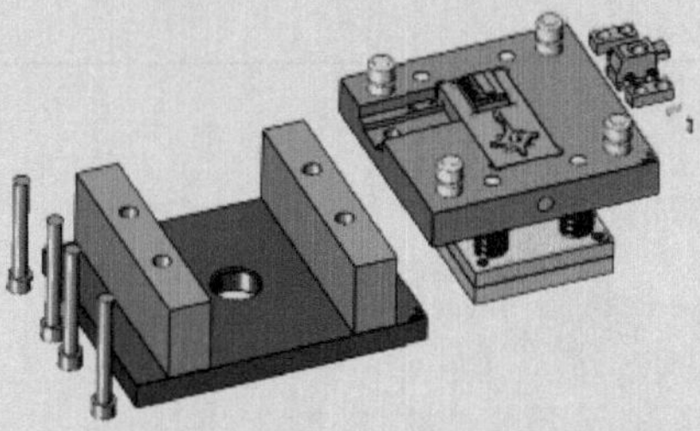	卸下动模板座的四个M12螺钉,取下动模板座及两个垫脚
8	拆卸推板	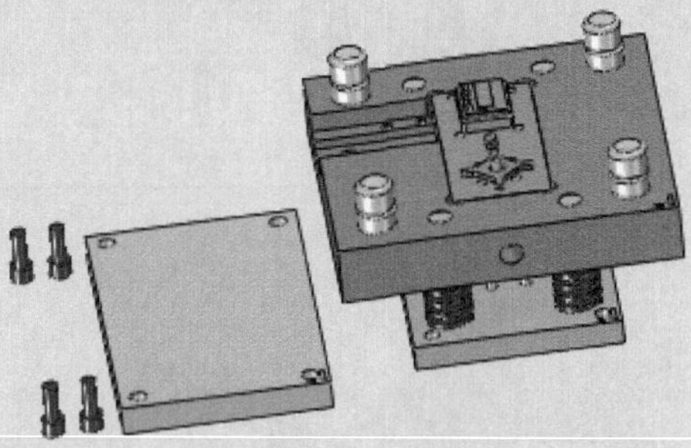	—
9	拆卸顶杆、复位杆	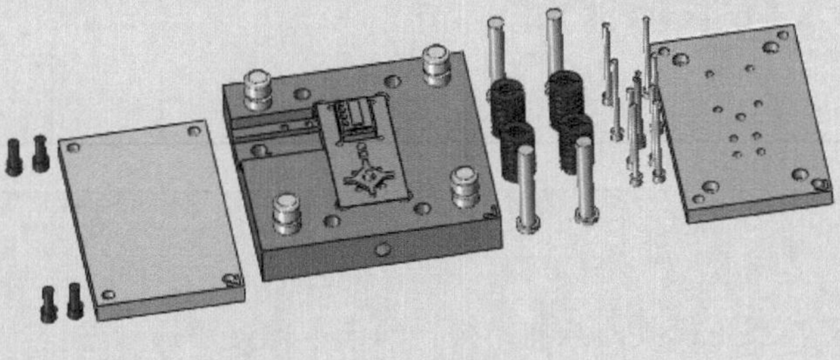	拔出顶杆、复位杆,取下弹簧、顶杆固定板
10	拆卸型芯	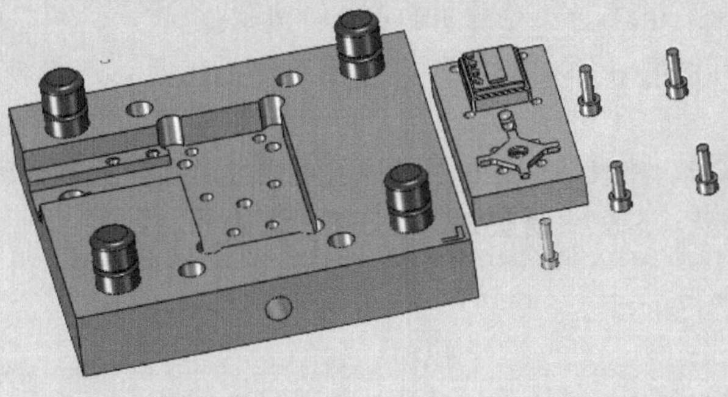	卸下螺钉,取出型芯,再取出小型芯镶件

（续）

序号	拆卸步骤	拆卸图示	拆卸要点
11	拆卸导柱	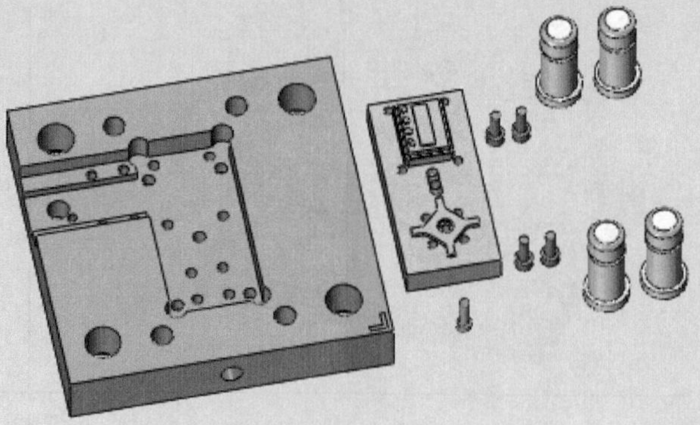	用铜棒敲出四根导柱
12	拆卸垫脚	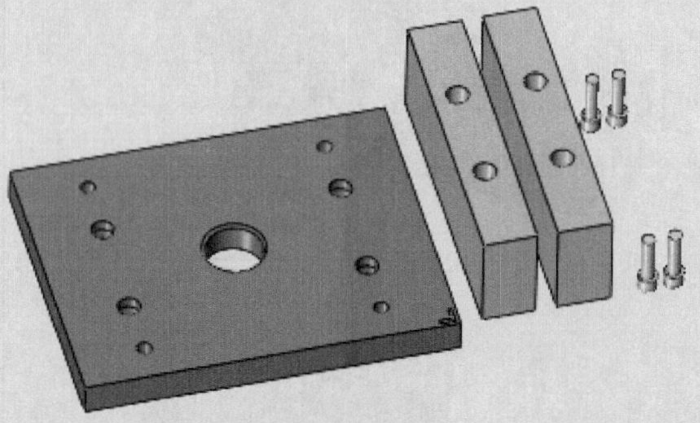	做好标记，以方便装配时确认方向
13	完成拆卸	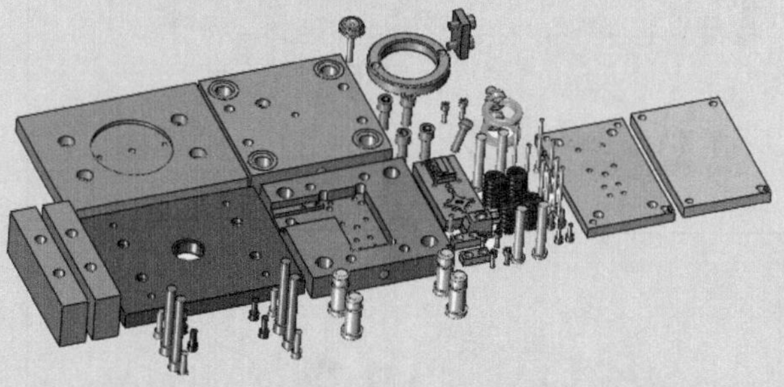	清洗擦拭各零件，按类摆放整齐

操作要点：

1. 模具的拆卸工作，应按照各模具的具体结构，预先考虑好装拆顺序。

2. 模具的拆卸顺序一般是先拆外部附件，再拆主体部件。在拆卸部件或组合件时，应按"从外部拆到内部，从上部拆到下部"的顺序，依次拆卸组合件或零件。

3. 拆卸时，使用的工具对零件不能有损伤，要使用专用工具，严禁使用铁锤直接敲击零件表面。

4. 对于精密零件，如凸模、凹模等，应放在专用的盘内或单独存放，以防碰伤工作部分。

5. 拆下的零件应尽快清洗，以免生锈腐蚀，最好涂上润滑油。

【任务评价】

完成任务后填写表 5-3 所列拆卸电动小车遥控器外壳注射模的评价内容。

表 5-3 拆卸电动小车遥控器外壳注射模的评价内容

类型	项目与要求	配分	测评方式			备注
			自评得分	小组评价	教师评价	
过程评价	正确说出各部分名称	15				
	合理选择拆卸工具	15				
	正确使用拆卸工具	15				
	正确标记各零件	15				
	操作熟练	15				
	清理各零件	10				
职业素养评价	着装规范	5				
	安全文明生产	5				
	能按照 7S 管理要求规范操作	5				
	合计	100				
综合评价	综合评价成绩＝自评成绩×30%＋组评成绩×30%＋师评成绩×40%					
心得						

任务二 装配电动小车遥控器外壳注射模

【任务导入】

通过拆卸电动小车遥控器外壳注射模，已对该电动小车遥控器外壳注射模内部构件有了更深刻的了解。正确的装配方法及步骤是保证模具精度的关键，正确掌握模具的装配和维护保养方法，会为后续在生产加工中使用注射模具起到保证加工精度及延长使用寿命的作用。

【任务分析】

在装配电动小车遥控器外壳注射模时，首先要研究模具的装配图，了解模具的结构，熟悉各零部件的作用、相互关系和连接方法。其次准备装配所需要的工具、量具，清点拆卸后各零部件的数量，并擦拭各零件。制订装配顺序，根据装配基准，按顺序组装、调整各部件。装配过程中，应合理选择装配方法，以保证装配精度。

【任务实施】

一、装配电动小车遥控器外壳注射模工具、量具

1）实训设备：电动小车遥控器外壳注射模若干台。
2）电动小车遥控器外壳注射模装配图。
3）装配电动小车遥控器外壳注射模工具、量具见表 5-4。

表 5-4 装配电动小车遥控器外壳注射模工具、量具

名称	图示	规格
铜棒	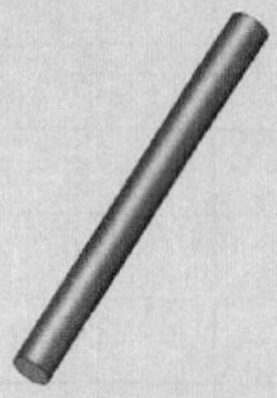	φ30mm×150mm
内六角扳手	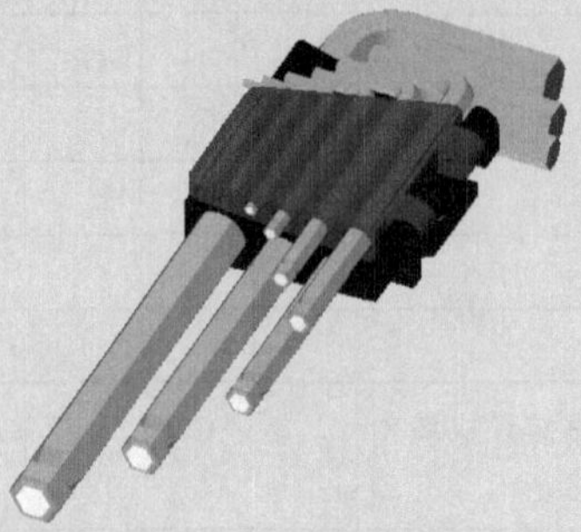	1.5~10mm
锤子	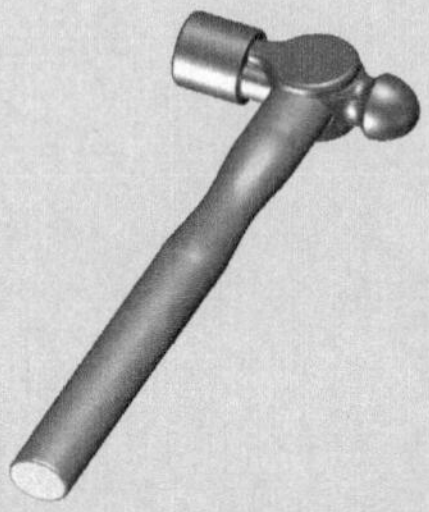	0.5kg
机油枪	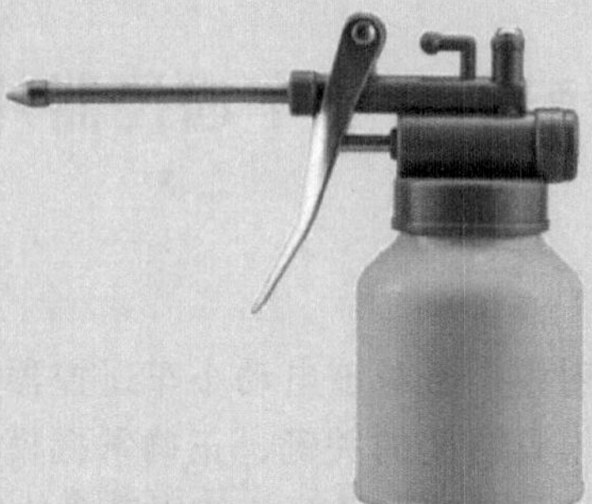	300mL
百分表		0~0.1mm
塞尺	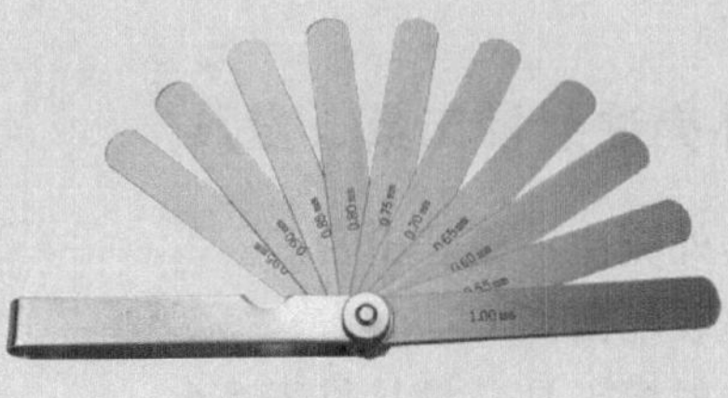	0.02~1mm

二、装配电动小车遥控器外壳注射模的步骤

按照表 5-5 所列装配步骤装配电动小车遥控器外壳注射模。

表 5-5 装配电动小车遥控器外壳注射模的步骤

序号	装配步骤	装配图示	装配要点
1	准备工作	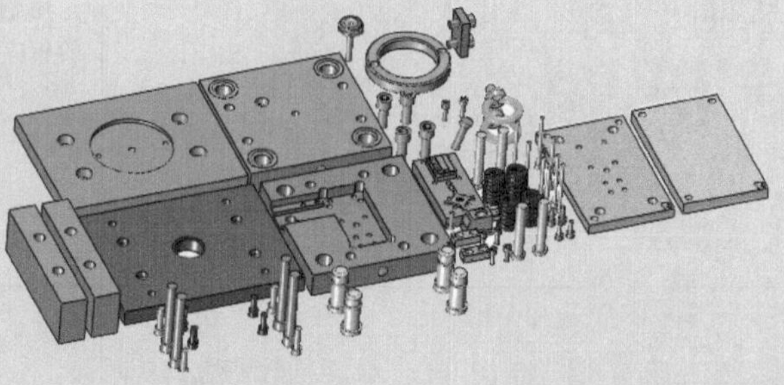	清点各零件是否齐全、完好,准备好所需工具、量具
2	安装斜导柱	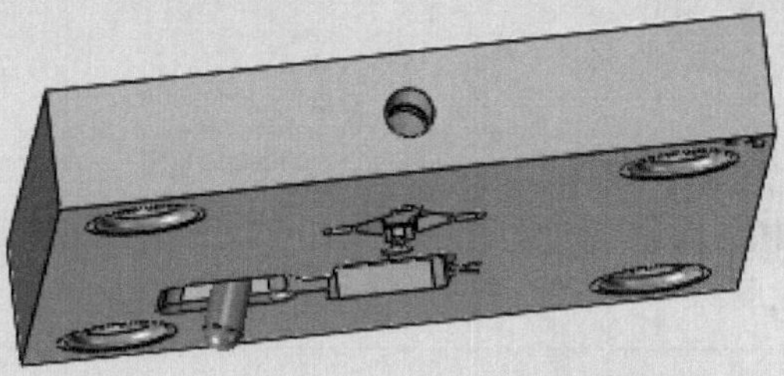	用铜棒敲入斜导柱,注意斜导柱的方向
3	安装定模板座		先安装浇口套,再用四个内六角圆柱头螺钉固定定模板座
4	安装定位环	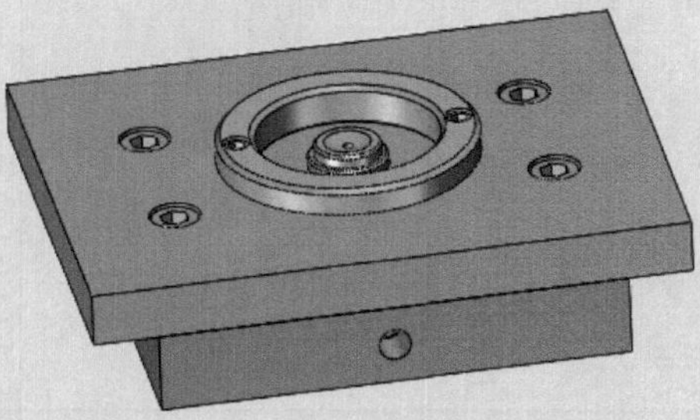	完成定模部分的装配
5	安装垫脚		注意不要将垫脚方向装反

(续)

序号	装配步骤	装配图示	装配要点
6	安装导柱		用铜棒敲入导柱,最好按拆卸时的相应位置装配导柱
7	装配型芯镶件	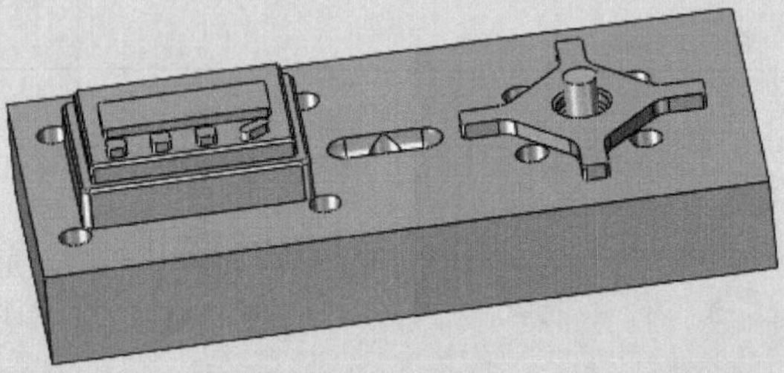	将型芯镶件装入型芯
8	装配型芯		四个内六角圆柱头螺钉固定型芯,注意不要将型芯方向装反
9	安装复位杆、顶杆	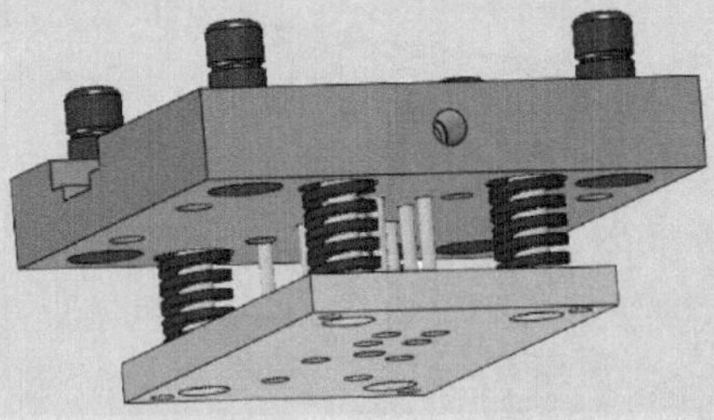	复位杆、顶杆装好后顶出要顺畅
10	安装推板	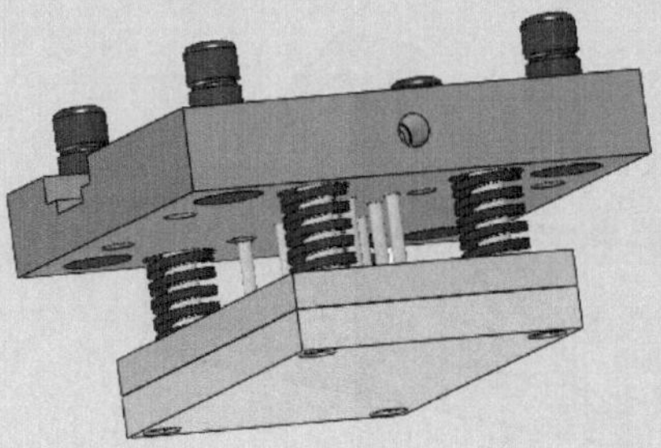	—

项目五　拆装电动小车遥控器外壳注射模

（续）

序号	装配步骤	装配图示	装配要点
11	安装垫脚、动模固定板		将四个 M12 内六角圆柱头螺钉固定
12	安装滑块	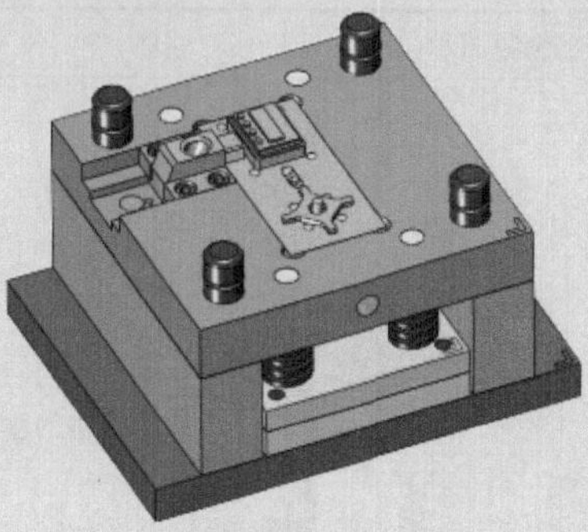	在滑块内装入弹簧，注意两压板方向，装入限位销。调整至滑块推动顺畅无卡滞
13	合模	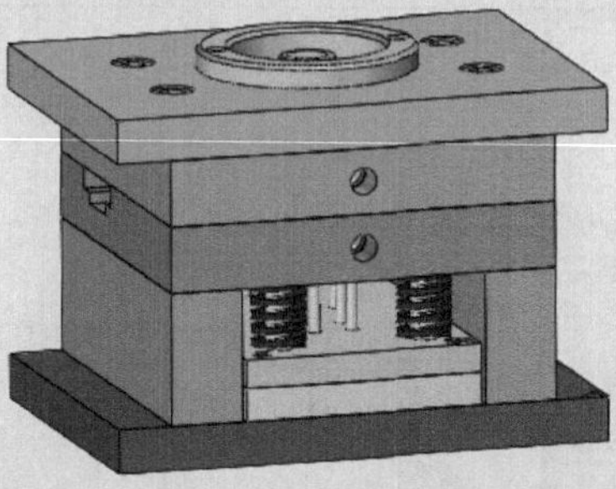	动、定模合模，用铜棒敲紧，合模间隙小于 0.05mm
14	安装锁模块、吊环	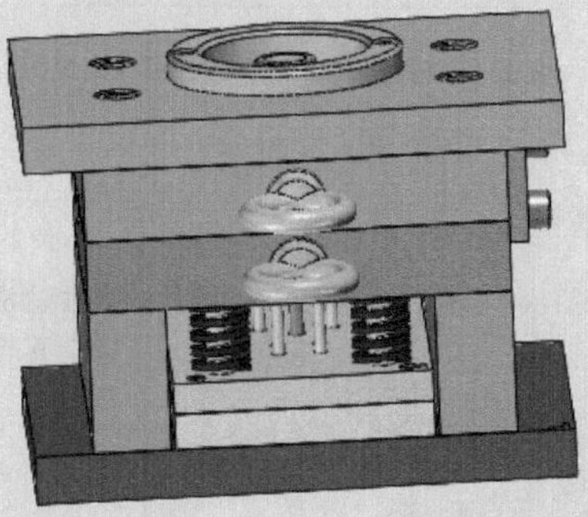	装配完毕

> **注意事项：**
>
> 1. 装配前先检查各零件是否齐全，是否已清洁，有无划痕及拉毛（特别是成型零件），如有应用油石等打磨。
> 2. 装入导柱时，应注意拆卸时所做的记号，避免方向装错，以免导柱或母模上导套不能正常装入。
> 3. 在装配中不要轻易用铁锤敲打，以免损坏构件或影响装配精度。
> 4. 装好推杆复位杆后，应确保其动作灵活，尽量避免磨损。

三、检测装配电动小车遥控器外壳注射模的精度

装配完成后按照表 5-6 所列内容对电动小车遥控器外壳注射模的精度进行检测。

表 5-6 装配电动小车遥控器外壳注射模精度检测

序号	检测步骤	检测图示	检测要点	实测记录
1	检测导柱对模座的垂直度	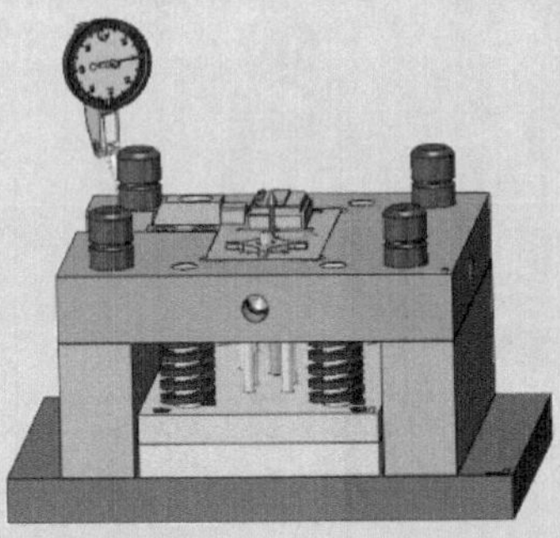	使用百分表检测导柱对固定模座的垂直度，误差≤0.01mm	
2	检测模座的平行度	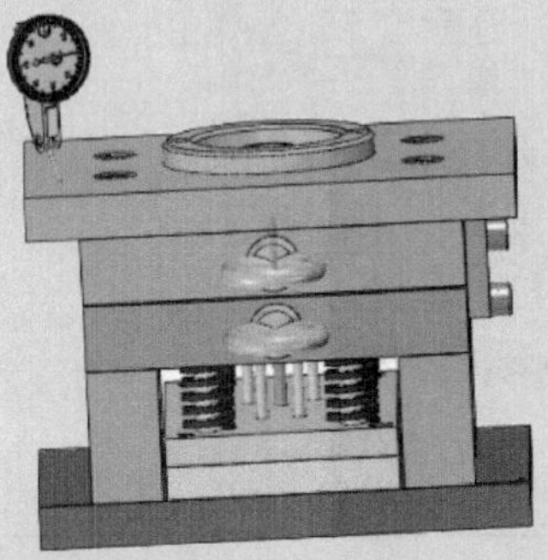	使用杠杆百分表检测上、下模座平行度，误差≤0.02mm	
3	检测活动机构的灵活度	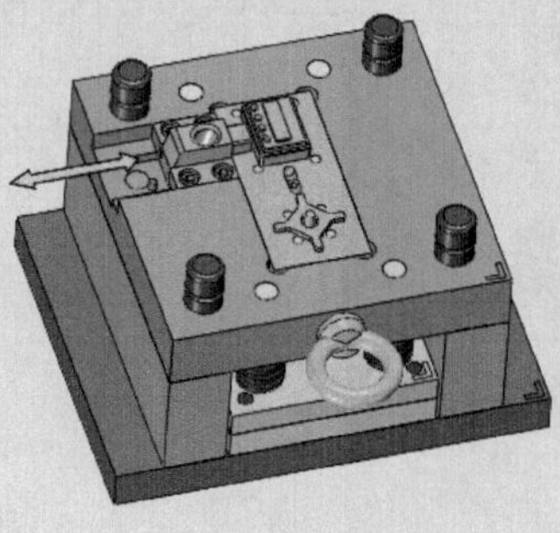	推动滑块机构，推进、弹出复位应灵活无卡滞	

(续)

序号	检测步骤	检测图示	检测要点	实测记录
4	检测合模间隙		用塞尺检测合模间隙,应小于0.05mm	
5	检测导柱、导套的配合精度		定模部分沿导柱上、下移动应平稳无卡滞,导柱导套配合间隙均匀	

【任务评价】

完成任务后填写表5-7所列装配电动小车遥控器外壳注射模的评价内容。

表5-7 装配电动小车遥控器外壳注射模的评价内容

类型	项目与要求	配分	测评方式			备注
			自评得分	小组评价	教师评价	
过程评价	合理选择装配工具	15				
	正确使用装配工具	15				
	装配工艺合理	15				
	合理选择检测量具	15				
	正确使用检测量具	15				
	装配精度检测符合技术要求	10				
职业素养评价	着装规范	5				
	安全文明生产	5				
	能按照7S管理要求规范操作	5				
	合计	100				
综合评价	综合评价成绩=自评成绩×30%+组评成绩×30%+师评成绩×40%					
心得						

【知识储备】

一、注射模装配的技术要求

注射模的装配与冲模的装配有许多相似之处，但在某些方面其要求更为严格，如注射模闭合后要求型面均匀密合，有些情况下，动模和定模上的型芯也要求在合模后保持紧密接触。

1. 总体装配技术要求

1）模具安装平面的平行度误差小于 0.05mm。
2）模具闭合后型面应均匀密合。
3）模具闭合后，动模部分和定模部分的型芯位置正确。
4）导柱、导套滑动灵活无阻滞现象。
5）推件机构动作灵活可靠。
6）装配后的模具闭合高度、安装于注射机上的各配合部位尺寸、推板推出形式、开模距等均应符合图样要求及所使用设备条件。
7）模具外露的非工作部位棱边均应倒角。
8）大、中型模具均应有起重吊孔、吊环供搬运用。
9）模具闭合后，各承压面（或分型面）之间要闭合严密，不得有较大缝隙。
10）装配后的模具应打印标记、编号及合模标记。

2. 部件装配技术要求

部件装配技术要求见表 5-8。

表 5-8 部件装配技术要求

序号	项目	技术要求
1	成型零件及浇注系统	1. 成型零件和浇注系统表面应光洁、无塌坑、伤痕等弊病 2. 对于成型时有腐蚀性的塑料零件，其型腔表面应镀铬、打光 3. 成型零件的尺寸精度应符合图样的要求 4. 互相接触的承压零件（如互相接触的型芯、凸模与挤压环、柱塞与加料室）之间，应有适当的间隙或合理的承压面积及承压形式，以防零件间直接挤压 5. 型腔在分型面、浇口及进料口处应保持锐边，一般不得修成圆角 6. 应保证各飞边不影响工件正常脱模
2	斜楔及活动零件	1. 各滑动零件的配合间隙要适当，起止位置定位要正确。镶嵌紧固零件的紧固应安全可靠 2. 活动型芯、推出及导向部位运动时，滑动要平稳，动作灵活可靠，互相协调，间隙要适当，不得有卡滞及发涩等现象
3	锁紧及紧固零件	1. 锁紧作用要可靠 2. 各紧固螺钉要拧紧，不得松动，圆柱销要销紧
4	推出系统零件	1. 开模时推出部分应保证顺利脱模，以方便取出工件及浇注系统凝料 2. 各推出零件要动作平稳，不得出现卡滞现象 3. 模具稳定性要好，应有足够的强度，工作时受力要均匀
5	加热及冷却系统	1. 冷却水路要通畅，不漏水，阀门控制要正常 2. 电加热系统要无漏电现象，并安全可靠，能达到模具温度要求 3. 各气动、液压、控制机构要正常，阀门、开关要可靠
6	导向机构	1. 导柱、导套要垂直于模座 2. 导向精度要达到图样要求的配合精度，能对定模、动模起良好的导向、定位作用

二、注射模部件的装配

1. 成型零件的装配

（1）型芯的装配　注射模的结构不同，型芯在固定板上的固定方式也不相同，常见的固定方式如

图 5-4 所示。

图 5-4a 所示的型芯采用过渡配合的固定方式，其装配过程与装配带台肩的冲模凸模相类似。装配时要检查型芯高度及固定板厚度（装配后能否达到设计尺寸要求），型芯台肩平面应与型芯轴线垂直；一般应保证固定板通孔与沉孔平面的相交处为90°角，而型芯上与之相应的配合部位往往呈圆角（磨削时由于砂轮损耗形成），装配前应将固定板的上述部位修出圆角，使之不会对装配产生不良影响。

图 5-4b、c 所示的型芯固定方式，在型芯位置调好并紧固后要用骑缝螺钉定位。防转螺钉孔应安排在型芯淬火之前加工。

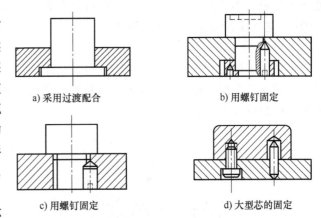

a) 采用过渡配合　　b) 用螺钉固定

c) 用螺钉固定　　d) 大型芯的固定

图 5-4　型芯的固定方式

图 5-4d 所示为大型芯的固定，装配时先在加工好的型芯上压入实心的定位销套，再根据型芯在固定板上的位置要求固定。

（2）型腔的装配　图 5-5 所示为整体圆形型腔凹模的装配。装配后型面上要求紧密无缝，因此压入端不准修出斜度，应将导入斜度修在模板上。必须保证型腔凹模与模板的相对位置符合图样要求。

装配方法：在模板的上、下平面上画出对准线，在型腔凹模的上端面上画出相应的对准线，并将对准线引向侧面；将型腔凹模放在固定板上，以线为基准，定其位置；将型腔压入模板，压入极小的一部分时，进行位置调整，也可用百分表调整其直线部分，若发生偏差，可用管子钳将其旋转至正确位置；将型腔全部压入模板并调整其位置；位置合适后，利用型腔销孔（在热处理前钻铰完成）复钻固定板的销孔，打入销定位，防止转动。

图 5-6 所示为拼块型腔凹模的装配，装配后不应存在缝隙。加工模板固定孔时，应注意孔壁与安装基面的垂直度。

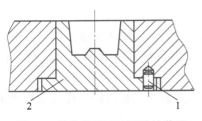

图 5-5　整体圆形型腔凹模的装配

1—定位销　2—凹模

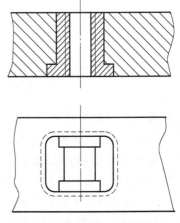

图 5-6　拼块型腔凹模的装配

2. 浇口套的装配

浇口套与定模板的配合一般采用 H7/m6。它压入模板后，其台肩应和沉孔底面贴紧。装配的浇口套，其压入端与配合孔间应无缝隙。因此，浇口套的压入端不允许有导入斜度，应将导入斜度开在模板上浇口套配合孔的入口处。为了防止在压入时浇口套将配合孔孔壁切坏，常将浇口套的压入端倒成小圆角。在浇口套加工时应留有去除圆角的修磨余量，压入后使圆角突出在模板之外，如图 5-7 所示。然后在平面磨床上磨平，如图 5-8 所示。最后把修磨后的浇口套稍微退出，将固定板磨去 0.02mm，重新压入后成为图 5-9 所示的形式。台肩相对于固定模板的高出量 0.02mm 也可采用修磨的方法来保证。

3. 推杆的装配

推杆用于推出制件,其结构如图 5-10 所示。推杆应运动灵活,尽量避免磨损。推杆由推杆固定板及推板带动运动。由导向装置对推板进行支承和导向。

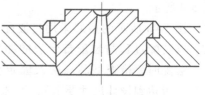

图 5-7 压入后的浇口套

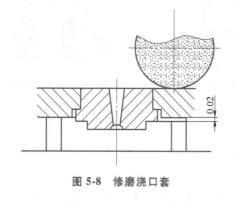

图 5-8 修磨浇口套

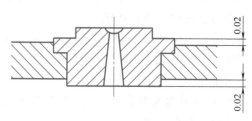

图 5-9 装配好的浇口套

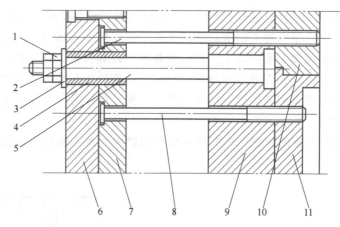

图 5-10 推杆的装配

1—螺母 2—复位杆 3—垫圈 4—导套 5—导柱 6—推板 7—推杆固定板
8—推杆 9—支承板 10—固定板 11—型腔镶块

推杆的装配方法一般为:

1)零件检查与修整。将推杆孔入口处倒出小圆角、斜度(推杆顶端可倒角,在加工时,可将推杆做长一些,装配后将多余部分磨去)。检查推杆尾部台肩厚度及推杆孔台肩深度,使装配后留有 0.05mm 间隙。推杆尾部台肩太厚时应修磨底部。

2)装配。将装有导套 4 的推杆固定板 7 套在导柱 5 上,将推杆 8、复位杆 2 穿入推杆固定板和支承板 9 及型腔镶块 11,然后盖上推板 6,将螺钉拧紧。

3)修整。修磨导柱或模脚的台肩尺寸。推板复位至与垫圈 3 或模脚台肩接触时,若推杆低于型面,则应修磨导柱台阶或模脚的上平面;若推杆高于型面,则可修磨推板 6 的底面。修磨推杆及复位杆的端面,使复位杆在复位后,复位杆端面低于分型面 0.02~0.05mm。在推板复位至终点位置后,测量其中一根高出分型面的尺寸,确定修磨量。其他几根应修磨成统一尺寸,推杆端面应高出型面 0.05~0.10mm。推杆及复位杆的修磨可在平面磨床上用卡盘夹紧进行修磨。

4. 导柱、导套机构的装配

导柱、导套分别安装在注射模的动模和定模部分上,是模具合模和开模的导向装置。导柱、导套采用压入方式装入模板的导柱安装孔和导套安装孔内。导柱的装配如图 5-11 所示。

导向机构应保证动模板在开模和合模时都能灵活滑动，无卡滞现象；保证动、定模板上导柱和导套安装孔的中心距一致（其误差不大于0.01mm）。

5. 滑块抽芯机构的装配

滑块抽芯机构（图5-12）装配后，应保证型芯与凹模达到所要求的配合间隙。

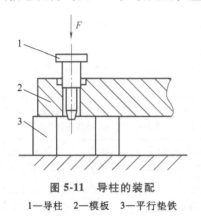

图5-11 导柱的装配
1—导柱 2—模板 3—平行垫铁

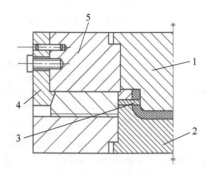

图5-12 滑块抽芯机构
1—型芯 2—型腔镶块 3—滑块型芯
4—楔紧块 5—定模板

装配方法：

1) 将型腔镶块压入动模板，并磨两平面至要求尺寸，以型腔为基准，并保证型腔尺寸。
2) 将型腔镶块压入动模板，精加工两滑块槽。
3) 铣T形槽。
4) 测定型孔位置及配制型芯固定孔。
5) 装滑块型芯。
6) 装配楔紧块。
7) 钻销孔。
8) 调整。

三、注射模试模易产生的问题及解决办法

模具装配完成以后，在交付生产之前，应进行试模。试模的目的有二：其一是检查模具在制造上存在的缺陷，并查明原因加以排除；其二是对模具设计的合理性进行评定并对成型工艺条件进行探索，这将有益于模具设计和成型工艺水平的提高。

试模中易产生的问题及解决办法见表5-9。

表5-9 试模中易产生的问题及解决办法

易产生的问题	解决方法
主流道粘模	1. 抛光主流道；2. 喷嘴与模具中心重合；3. 降低模具温度；4. 缩短注射时间；5. 延长冷却时间；6. 检查喷嘴加热圈；7. 抛光模具表面；8. 检查材料是否污染
塑件脱模困难	1. 降低注射压力；2. 缩短注射时间；3. 延长冷却时间；4. 降低模具温度；5. 抛光模具表面；6. 增大脱模斜度；7. 减小镶块处间隙
尺寸稳定性差	1. 改变机筒温度；2. 延长注射时间；3. 增大注射压力；4. 改变螺杆背压；5. 调整模具温度；6. 调节供料量；7. 减小回用料比例
表面波纹	1. 调节供料量；2. 升高模具温度；3. 延长注射时间；4. 增大注射压力；5. 提高物料温度；6. 提高注射速度；7. 增大流道与浇口的尺寸
塑件翘曲和变形	1. 降低模具温度；2. 降低物料温度；3. 延长冷却时间；4. 降低注射速度；5. 降低注射压力；6. 增大螺杆背压；7. 缩短注射时间

(续)

易产生的问题	解决方法
塑件脱皮分层	1. 检查塑料种类和级别；2. 检查材料是否污染；3. 升高模具温度；4. 物料干燥处理；5. 提高物料温度；6. 降低注射速度；7. 缩短浇口长度；8. 减小注射压力；9. 改变浇口位置；10. 采用大孔喷嘴
银纹	1. 降低物料温度；2. 物料干燥处理；3. 增大注射压力；4. 增大浇口尺寸；5. 检查塑料的种类和级别；6. 检查塑料是否污染
表面光泽差	1. 物料干燥处理；2. 检查材料是否污染；3. 提高物料温度；4. 增大注射压力；5. 升高模具温度；6. 抛光模具表面；7. 增大流道与浇口的尺寸
凹痕	1. 调节供料量；2. 增大注射压力；3. 延长注射时间；4. 降低物料速度；5. 降低模具温度；6. 增加排气孔；7. 增大流道与浇口尺寸；8. 缩短流道长度；9. 改变浇口位置；10. 降低注射压力，提高螺杆背压
塑件浇注不足	1. 机筒、喷嘴及模具温度偏低；2. 加料量不够；3. 机筒剩料太多；4. 注射压力太低；5. 注射速度太慢；6. 流道或浇口太小，浇口数目不够，位置不当；7. 型腔排气不良；8. 注射时间太短；9. 浇注系统发生堵塞；10. 原料流动性太差
塑件溢边	1. 机筒、喷嘴及模具温度太高；2. 注射压力太高，锁模力不足；3. 模具密封不严，有杂物或模板弯曲变形；4. 型腔排气不良；5. 原料流动性太好；6. 加料量太多
塑件有气泡	1. 塑料干燥不良，含有水分、单体、溶剂和挥发性气体；2. 塑料有分解；3. 注射速度太快；4. 注射压力太小；5. 模具温度太低，充模不完全；6. 模具排气不良；7. 从加料端带入空气
熔接痕	1. 物料温度太低，塑料流动性差；2. 注射压力太小；3. 注射速度太慢；4. 模具温度太低；5. 型腔排气不良；6. 原料受到污染
塑件表面有黑点及条纹	1. 塑料有分解；2. 螺杆转速太快，背压太高；3. 塑料碎屑卡入螺杆和机筒间；4. 喷嘴与主流道吻合不好，产生积料；5. 模具排气不良；6. 原料污染或带进杂质；7. 塑料颗粒大小不均匀
塑件内有冷块或僵块	1. 塑化不均匀；2. 模具温度太低；3. 物料内混入杂质或不同牌号的原料；4. 喷嘴温度太低
塑件褪色	1. 塑料受到污染或干燥不够；2. 螺杆转速太高，背压不高；3. 注射压力太高；4. 注射速度太快；5. 注射保压时间太长；6. 机筒温度过高，致使塑料、着色剂或添加剂分解；7. 流道、浇口尺寸不合适
塑件强度下降	1. 塑料分解；2. 成型温度太低；3. 熔接不良；4. 塑料潮湿；5. 塑料中混入杂质；6. 浇口位置不当；7. 塑件设计不当,有锐角缺口；8. 模具温度太低

在试模过程中应尽可能进行详细记录，并将试模结果填入试模记录卡，注明模具是否合格。如需要返修，应提出修改建议，并摘录试模时的工艺条件及操作要点和注射成型制品的情况，以供参考。

试模后合格的模具，应打上模具标记，如模具编号、合模标记及组装基准面等，将各部分清理干净，涂上防锈油后入库。

【职业拓展】

装配机器人

装配机器人是柔性自动化装配系统的核心设备（图 5-13），由机器人操作机、控制器、末端执行器和传感系统组成。其中操作机的结构类型有水平关节型、直角坐标型、多关节型和圆柱坐标型等；控制器一般采用多中央处理器（Central Processing Unit，CPU）或多级计算机系统，实现运动控制和运动编程；末端执行器为适应不同的装配对象而设计成各种手爪和手腕等；传感系统用来获取装配机器人与环境和装配对象之间相互作用的信息。

随着经济的快速发展，我国机器人市场进入高速增长期，工业机器人连续五年成为全球第一大应用市场，服务机器人需求潜力巨大，核心零部件国产化进程不断加快，创新型企业大量涌现，部分技术已形成规模化产品，并在某些领域具有明显优势。

图 5-13 装配机器人

在工业生产中，零件的装配是一件工程量极大的工作，需要大量的劳动力，曾经的人力装配因为出错率高，效率低而逐渐被工业机器人所代替。装配机器人的研发，结合了多种技术，包括通信技术、自动控制、光学原理、微电子技术等。研发人员根据装配流程，编写合适的程序，应用于具体的装配工作。装配机器人的最大特点，就是安装精度高、灵活性大、耐用程度高。因为装配工作复杂精细，所以选用装配机器人来进行电子零件、汽车精细部件的安装。

常用的装配机器人主要有可编程序通用装配操作手即 PUMA（Programmable Universal Manipulator for Assembly）机器人（最早出现于 1978 年，是工业机器人的始祖）和平面双关节型机器人即 SCARA（Selective Compliance Assembly Robot Arm）机器人两种类型。与一般工业机器人相比，装配机器人具有精度高、柔顺性好、工作范围小、能与其他系统配套使用等特点，装配机器人主要用于各种电器制造（包括家用电器，如电视机、洗衣机、电冰箱、吸尘器）、小型电动机、汽车及其部件、计算机、玩具、机电产品及其组件的装配等方面。

 【项目评价】

电动小车遥控器外壳注射模拆装训练考核内容见表 5-10。

表 5-10 电动小车遥控器外壳注射模拆装训练考核内容

班级：_____ 姓名：_____ 学号：_____

	考核项目	配分	自评得分	小组评价	教师评价	备注
工作态度	信息收集	10				能熟练查阅相关资料，多种途径获取知识
	团队合作	10				团队合作能力强，能与团队成员共同学习
	安全文明操作	10				按照操作规程进行规范操作
任务实施	任务一：拆卸电动小车遥控器外壳注射模	20				
	任务二：装配电动小车遥控器外壳注射模	20				
知识储备	塑料模装配的技术要求	10				
	注射模部件的装配	10				
	注射模试模易产生的问题及解决办法	5				
	机械拆装安全和文明生产操作规程	5				

(续)

考核项目		配分	自评得分	小组评价	教师评价	备注
	合计	100				
综合评价	综合评价成绩＝自评成绩×30%＋组评成绩×30%＋师评成绩×40%					
心得						

【思考与练习】

1. 简述拆卸电动小车遥控器外壳注射模的注意事项。
2. 简述装配注射模具的技术要求。
3. 简述试模的主要目的。

参 考 文 献

[1] 朱仁盛，黄翅. 机械拆装技能实训 [M]. 北京：北京理工大学出版社，2015.
[2] 樊宁，何培英. 典型机械零部件表达方法 350 例 [M]. 北京：化学工业出版社，2016.
[3] 李学京，刘炀. 机械制图和技术制图国家标准实用问答 [M]. 北京：中国标准出版社，2015.
[4] 栾学钢，赵玉奇，陈少斌. 机械基础：多学时 [M]. 2 版. 北京：高等教育出版社，2019.
[5] 孙潘罡，薛峰，宋美谕. 机械装调技术 [M]. 北京：北京理工大学出版社，2023.
[6] 晏初宏，曹伟，晏龙. 机械拆装实训 [M]. 北京：机械工业出版社，2017.
[7] 顾小玲. 量具、量仪与测量技术 [M]. 北京：机械工业出版社，2019.
[8] 王爱阳. 注射模具设计 [M]. 北京：化学工业出版社，2020.
[9] 陈为，陶勇. 冲压模具结构与制造 [M]. 北京：化学工业出版社，2008.
[10] 张国军，陈静. 机械基础 [M]. 北京：北京理工大学出版社，2021.